わかりやすい
建設業のための
独占禁止法 Q&A

財団法人 建設業適正取引推進機構　編著

大成出版社

はじめに

　㈶建設業適正取引推進機構は、平成4年の設立以来、建設業界の方々に建設業法、独占禁止法、暴力団対策法等の法令遵守の啓蒙活動を行ってまいりました。

　本書は、独占禁止法に係る豊富な実務経験を基に、建設業界の方々に独占禁止法、官製談合防止法等の啓蒙活動を担当している当機構の職員が執筆したものです。

　本書の特徴は、主な購読者を建設業界の方々と想定し、絵図を活用して独占禁止法、官製談合防止法等に係る103項目を問答形式で分かり易く解説した点にあり、この中には、例えば、「Ｑ2－3　申告人に対する措置結果の通知時期」のように、実務経験者でなければ知り得ない情報を可能な限り盛り込んでおります。購読者に必要ないくつかの情報については「一口メモ」として平易に解説しており、独占禁止法等に対する理解の増進が大いに期待できるものとなっております。

　なお、独占禁止法は、平成21年6月に改正され、排除型私的独占のほか、共同の取引拒絶、不当廉売、優越的地位の濫用等の不公正な取引方法を課徴金対象の行為類型に加えるとともに主導的事業者に対する課徴金割増制度の導入、課徴金減免制度の拡充、刑事罰の強化等が図られ、平成22年1月から施行されておりますが、本書はこの改正法を反映したものとなっております。

　入札談合など独占禁止法違反行為を行った事業者は、従来から、独占禁止法に基づく排除措置命令や課徴金納付命令のほか、建設業法に基づく監督処分、発注機関による指名停止処分、違約金の請求、株主等による損害賠償請求等を受けるおそれがありました。また、平成18年5月には、会社法による大企業の取締役会に対する内部統制システム構築の義務付けがなされたこと等を背景として、課徴金減免制度に基づく減免申請が増加傾向にあることなどから、独占禁止法コンプライアンスの取組みの必要性がこれまでになく高まっております。

　このため、私どもとしましては、建設業界等の方々が本書を傍らに備え付けて、独占禁止法の理解に努めていただくとともに、コンプライアンスの取組みを真摯に推進してくださることを切望するものです。

　平成23年5月
　　　　　㈶建設業適正取引推進機構　　理事長　渡辺　弘之

わかりやすい建設業のための
独占禁止法Q&A

目 次

I 独占禁止法 ……………………………………………………… 1

1 独占禁止法の目的 ……………………………………………… 2
- Q1－1 独占禁止法の目的とは ………………………………… 2
- Q1－2 独占禁止法の仕組みは ………………………………… 4
- Q1－3 独占禁止法違反行為の行為主体は …………………… 7
- Q1－4 一定の取引分野とは …………………………………… 9
- Q1－5 競争を実質的に制限するとは ………………………… 10
- Q1－6 カルテルとは …………………………………………… 11
- Q1－7 平成17年の独占禁止法改正の目的と主なポイント … 13
- Q1－8 平成21年の独占禁止法改正の背景等と主なポイント … 15
- Q1－9 平成22年の独占禁止法改正法案 ……………………… 18
- Q1－10 公正取引委員会の組織と職務権限 …………………… 22
- Q1－11 協同組合の共同経済事業が独占禁止法に違反しない理由 … 24

2 独占禁止法違反事件の審査 …………………………………… 25
- Q2－1 独占禁止法違反事件の端緒、調査方法 ……………… 25
- Q2－2 申告の仕方 ……………………………………………… 28
- Q2－3 申告人に対する措置結果の通知時期 ………………… 30
- Q2－4 留置された資料の閲覧・謄写 ………………………… 32
- Q2－5 排除措置命令や課徴金納付命令に係る不服申立て … 33
- Q2－6 審判手続 ………………………………………………… 34

3 入札談合 ………………………………………………………… 35
- Q3－1 入札談合とは …………………………………………… 35
- Q3－2 談合情報に対する発注機関の対応 …………………… 37
- Q3－3 実損の出る公共工事に係る業者間の話合いは ……… 39
- Q3－4 公共工事の質の確保、受注の均等化等のための受注調整は …… 40

1

- Q3—5 落札価格が予定価格の範囲内でも違反か ……………………… 41
- Q3—6 「天の声」等に従って受注予定者を決めても違反か ……………… 42
- Q3—7 入札談合のパターン ……………………………………………… 43
- Q3—8 入札談合参加者は落札なしでも違反か ………………………… 45
- Q3—9 入札ガイドラインの目的、概要 ………………………………… 46
- Q3—10 会合で談合の話が出たときに採るべき対応 …………………… 48
- Q3—11 JV編成目的の情報交換時の注意点 ……………………………… 50
- Q3—12 JVが入札談合した際には全出資企業が責任を問われる ……… 52
- Q3—13 応札業者が1社なら、談合の疑いはないか ……………………… 53
- Q3—14 域外業者参入阻止のための原価割れ価格による落札は問題か … 54
- Q3—15 発注機関による優先的発注や分割発注の問題点 ……………… 55
- Q3—16 入札前の情報交換の相手が1社でも問題になるか ……………… 56
- Q3—17 入札談合事件等の時効(除斥期間) ……………………………… 57
- Q3—18 最近の入札談合事件の事例 ……………………………………… 58

4 不公正な取引方法 ……………………………………………………… 62
- Q4—1 不公正な取引方法の禁止の趣旨 ………………………………… 62
- Q4—2 不公正な取引方法とは何か、違反時の処分・ペナルティ ……… 64
- Q4—3 不当廉売とは何か、法的措置を受けた事例 …………………… 66
- Q4—4 公共建設工事等のダンピング（不当廉売）とは ……………… 68
- Q4—5 業界団体の構成員に対する安値受注自粛の要請は問題か …… 70
- Q4—6 共同の取引拒絶とは（建設業関係） …………………………… 71
- Q4—7 単独の取引拒絶とは（建設業関係） …………………………… 73
- Q4—8 優越的地位の濫用とは（建設業関係） ………………………… 74
- Q4—9 「建設業の下請取引に関する不公正な取引方法の認定基準」とは ……………………………………………………………… 76
- Q4—10 拘束条件付取引とは ……………………………………………… 80

5 排除措置命令 …………………………………………………………… 81
- Q5—1 排除措置命令とは ………………………………………………… 81
- Q5—2 排除措置命令で命じる内容 ……………………………………… 82
- Q5—3 排除措置命令の事前通知、説明 ………………………………… 84
- Q5—4 なぜ排除措置命令で「取締役会の決議」を命じるのか ……… 85
- Q5—5 排除措置命令に不服がある場合の対応 ………………………… 86
- Q5—6 合併、事業譲渡等により独占禁止法の処分を回避できるか …… 87

目　次

6　課徴金 ·· 88
- Q6－1　課徴金制度の導入目的、背景、時期 ····················· 88
- Q6－2　課徴金対象の違反行為類型、対象事業者 ············· 90
- Q6－3　課徴金納付命令とは ··· 92
- Q6－4　課徴金の算定率 ·· 94
- Q6－5　課徴金算定の基礎となる売上額等 ························ 95
- Q6－6　課徴金の割増し制度と軽減制度 ··························· 96
- Q6－7　違反事業者が合併等した場合の課徴金納付命令の名宛人 ·· 98
- Q6－8　建設業者の課徴金の算定方法 ······························· 99
- Q6－9　課徴金の徴収手続 ·· 100
- Q6－10　課徴金審判中は課徴金の納付は猶予されるか ······ 101
- Q6－11　課徴金は罰金の半額分減額される ······················· 102

7　課徴金減免制度 ·· 103
- Q7－1　課徴金減免制度の導入目的、背景、内容 ············· 103
- Q7－2　課徴金減免申請手続 ··· 105
- Q7－3　課徴金減免申請事業者の枠を最大5名とした理由 ·· 108
- Q7－4　課徴金減免の共同申請 ··· 110
- Q7－5　課徴金の減免申請事業者の指名停止期間は2分の1か ·· 112
- Q7－6　課徴金減免制度の利用状況 ·································· 113
- Q7－7　会社の合併と課徴金減免申請の効果が及ぶ範囲 ···· 114

8　刑事告発・刑事罰 ·· 115
- Q8－1　犯則事件の調査方法 ··· 115
- Q8－2　独占禁止法違反に係る刑事罰の対象者 ················· 116
- Q8－3　入札談合と刑法の談合罪の違い ···························· 117
- Q8－4　公正取引委員会の「刑事告発の方針」 ················· 118
- Q8－5　刑事告発事件の管轄裁判所 ·································· 119
- Q8－6　建設関係の入札談合に係る刑事告発事例 ············· 120
- Q8－7　課徴金減免申請順位1位の事業者は刑事告発されないか ·· 122
- Q8－8　「不当な取引制限等の罪」の罰則の引上げ理由 ···· 123

9　損害賠償請求等 ·· 125
- Q9－1　入札談合等を行った事業者に対する損害賠償請求 ·· 125
- Q9－2　入札談合による損害額に係る裁判所の判断 ·········· 126

Q9－3　独占禁止法違反行為に係る差止請求訴訟制度とは ……………… 131

10　独占禁止法違反の建設業者に対する建設業法上の監督処分等について ……………………………………………………………………… 132
　　Q10－1　独占禁止法違反の建設業者に対する建設業法による処分 ……… 132
　　Q10－2　独占禁止法違反事業者に対する指名停止等の措置 …………… 134

11　建設業のための独占禁止法のコンプライアンス ………………………… 135
　　Q11－1　独占禁止法コンプライアンス実施のメリット ………………… 135
　　Q11－2　独占禁止法コンプライアンスの必要性 ………………………… 137
　　Q11－3　独占禁止法コンプライアンス・プログラム …………………… 138
　　Q11－4　独占禁止法のコンプライアンス実施上の留意点 ……………… 140
　　Q11－5　中小企業における独占禁止法コンプライアンス ……………… 142

12　その他 ……………………………………………………………………… 143
　　Q12－1　事業者団体ガイドラインの目的、概要 ………………………… 143
　　Q12－2　事業者や事業者団体による独占禁止法の事前相談 …………… 145

II　官製談合防止法 …………………………………………………………… 147

Q－1　官製談合防止法制定の背景・目的 ……………………………………… 148
Q－2　平成18年の官製談合防止法改正のポイント ………………………… 150
Q－3　官製談合防止法の適用対象 ……………………………………………… 152
Q－4　入札談合等関与行為とは ………………………………………………… 153
Q－5　「談合の明示的な指示」とは …………………………………………… 154
Q－6　「受注者に関する意向の表明」とは …………………………………… 155
Q－7　「発注者に係る秘密情報の漏洩」とは ………………………………… 156
Q－8　「特定の談合の幇助」とは ……………………………………………… 157
Q－9　地域優先発注や分割発注等に係る発注者の留意点 …………………… 158
Q－10　改善措置要求 …………………………………………………………… 159
Q－11　改善措置要求に対する発注機関の対応 ……………………………… 160
Q－12　「入札等の妨害の罪」 ………………………………………………… 161
Q－13　発注機関が入札談合情報に接した場合の対応 ……………………… 162
Q－14　改善措置要求が行われた事例 ………………………………………… 164

目　次

Ⅲ　参考資料 ……………………………………………………… *167*

1　私的独占の禁止及び公正取引の確保に関する法律（独占禁止法）………… *168*
2　不公正な取引方法 ……………………………………………………………… *181*
3　入札談合等関与行為の排除及び防止並びに職員による入札等の公
　　正を害すべき行為等の処罰に関する法律（官製談合防止法） ……………… *183*
4　工事請負契約に係る指名停止等の措置要領中央公共工事契約制度
　　運用連絡協議会モデル（抜粋） ……………………………………………… *186*
5　公共的な入札に係る事業者及び事業者団体の活動に関する独占禁
　　止法の指針（入札ガイドライン） …………………………………………… *188*

I 独占禁止法

1　独占禁止法の目的

(独占禁止法の目的とは)

Q1-1 独占禁止法の目的を教えてください。

A

　独占禁止法(私的独占の禁止及び公正取引の確保に関する法律)の目的は、公正かつ自由な競争を促進し、事業者の創意を発揮させ、事業活動を盛んにし、雇傭及び国民実所得の水準を高めることによって、一般消費者の利益を確保するとともに国民経済の民主的で健全な発達を図ることです。

　我が国のような自由経済社会では、様々な企業が同業者と競争しながら、価格、品質、サービス等の面で優れた商品あるいは役務の供給に努めています。また、消費者は商品や役務を品質、価格等によって選別する行動を通じて、消費者が求めているものは何かを供給者に伝え、供給者は同業者と切磋琢磨しながら消費者が求める新たなものを市場に供給するという形で消費者と互いに意思を通わせています。この結果、様々なものが市場で取引されて経済活動が活発になり、消費者の利益が守られ、国民経済の健全な発達が図られ、国民生活が豊かになります。

　しかし、企業間で自由な競争が行われない場合には、企業の創意工夫や技術革新も低迷し、価格・品質等にあまり相違のないものが多くなることから消費者の選択の範囲が狭くなり、経済活動が停滞します。また、価格、品質、サービスなど企業に求められる本来の競争が活発に行われずに、価格、品質等に係る虚偽表示等による顧客獲得競争など不公正な手段による競争が行われる場合には、消費者の選択を誤らせることになります。

　なお、独占禁止法の運用機関として、公正取引委員会が設置されています。

I　独占禁止法　1　独占禁止法の目的

企業が公正で自由に競争してこそ消費者の利益が守られ、経済が発展します。

(独占禁止法の仕組みは)

Q1-2 独占禁止法の仕組みはどのようになっていますか。

A

　独占禁止法は、公正かつ自由な競争が行われる経済社会を実現するため、「競争を制限する行為」と「競争を歪める行為」を禁止しています。「競争を制限する行為」には、「不当な取引制限」と「私的独占」と呼ばれる2つの禁止行為があり、「競争を歪める行為」には「不公正な取引方法」と呼ばれる禁止行為があります。

(1)　「不当な取引制限」は、通常、協定、カルテルあるいは共同行為などと呼ばれています。

　　不当な取引制限は、独占禁止法2条6項で「……他の事業者と共同して対価を決定し、維持し、若しくは引き上げ、又は数量、技術、製品、設備、若しくは取引の相手方を制限する等相互にその事業活動を拘束し、又は遂行することにより、公共の利益に反して、一定の取引分野における競争を実質的に制限すること」と定義されています。

　　不当な取引制限とは、本来、個々の業者が独自の判断で決めるべき商品等の価格、品質等を、同業者が共同して決めることにより競争を回避する行為で、スポーツの八百長に当たる行為です。このような行為は消費者等の利益を失わせるだけではなく、その事業者自体も安易な経済活動に終始して企業努力を怠りがちであることから、競争力の衰退を招くことになります。

(2)　「私的独占」は、独占禁止法2条5項において「事業者が、単独に、又は他の事業者と結合し、若しくは通謀し、……他の事業者の事業活動を排除し、又は支配することにより、公共の利益に反して、一定の取引分野における競争を実質的に制限すること」と定義されています。

　　「私的独占」とは、例えば、ある事業者が競争業者の株式（議決権）の相当数を取得する、あるいは役員を派遣するなどして競争業者の活動

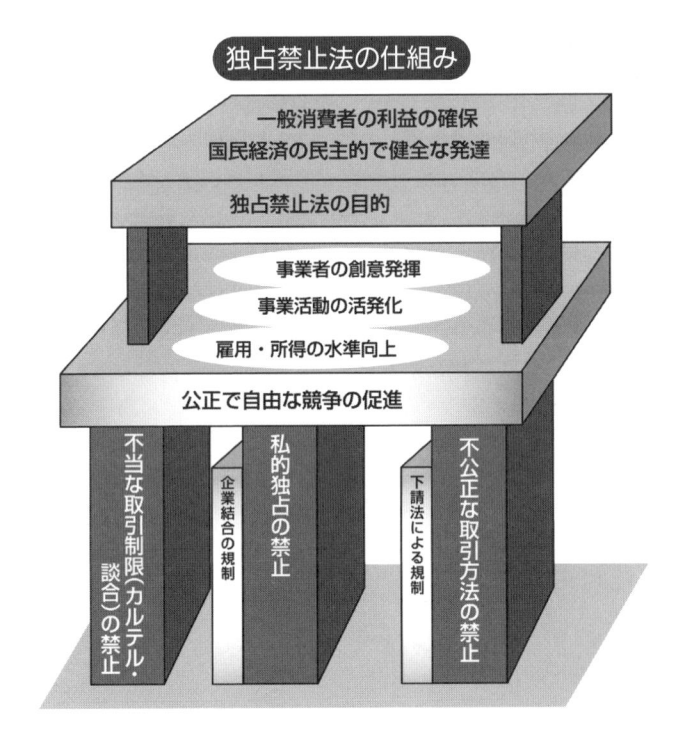

I 独占禁止法　1 独占禁止法の目的

独占禁止法の仕組み

- 一般消費者の利益の確保
- 国民経済の民主的で健全な発達

独占禁止法の目的

- 事業者の創意発揮
- 事業活動の活発化
- 雇用・所得の水準向上

公正で自由な競争の促進

- 不当な取引制限（カルテル・談合）の禁止
- 私的独占の禁止（企業結合の規制）
- 不公正な取引方法の禁止（下請法による規制）

を支配する、あるいは市場における有力事業者が競争業者の活動の妨害行為など不当な手段を用いて、競争業者を排除することによって市場を独占する行為です。

(3) 「不公正な取引方法」とは、①独占禁止法2条9項1号から5号に規定されている法定の行為及び②同項第6号イからへに規定されている行為であって、公正な競争を阻害するおそれがあるもののうち、公正取引委員会が指定するものをいいます。

公正取引委員会が「不公正な取引方法」として指定するものには、すべての業種に適用される「一般指定」と特定の業種にのみ適用される「特殊指定」があります。

特殊指定には、現在、「大規模小売業者による納入業者との取引における特定の不公正な取引方法」、「特定荷主が物品の運送又は保管を委託する場合の特定の不公正な取引方法」及び「新聞業における特定の不公

5

正な取引方法」の3つがあります。

　不公正な取引方法には、①「自由な競争の減殺」、②「競争手段の不公正」、③「自由な競争基盤の侵害」の3つのうちのいずれかの公正競争阻害性があり、通常、取引拒絶、差別価格、不当廉売、再販売価格の拘束等は①に分類され、欺まん的顧客誘引、不当な顧客誘引、抱き合わせ販売等は②に分類され、優越的地位の濫用は③に分類されています。

(独占禁止法違反行為の行為主体は)

Q1-3 独占禁止法違反行為の行為主体は誰でしょうか。

A

　独占禁止法は、次のように事業者又は事業者団体の禁止行為を規定しており、独占禁止法違反行為の主体は事業者及び事業者団体です。
(1) 事業者の禁止行為
　ア　私的独占（3条）
　イ　不当な取引制限（3条）
　ウ　不公正な取引方法（19条）
　　【注】：事業者は、独占禁止法では「商業、工業、金融業その他の事業を行う者」と定義されており（2条第1項）、事業を行う法人である会社及び個人事業者がこれに該当します。
　　　　　最高裁判決（平成元・12・14民集43巻12号2078頁）では、「事業とは、なんらかの経済的利益の供給に対応し反対給付を反復継続して受ける経済活動を指し、その主体の法的性格を問わない」とされています。
(2) 事業者団体の禁止行為（8条）
　ア　競争の実質的制限（1号）
　イ　不当な取引制限等に該当する国際的協定、国際的契約の締結（2号）
　ウ　事業者数の制限（3号）
　エ　構成事業者の機能又は活動の不当な制限（4号）
　オ　不公正な取引方法の強制、勧奨（5号）
　　【注】：事業者団体は、独占禁止法では、「事業者としての共通の利益を増進することを主たる目的とする2以上の事業者の結合体又はその連合体」（第2条第2項）と定義されており、具体的には、社団法人や財団法人などの法人格のある団体だけではなく、例えば、「○○工業会」、「○○組合」、「○○協会」、「○○協議会」と称する任意団体や「○○連合会」と称する団体の連合体も事業者団体に当たります。

「事業者としての共通の利益」とは、構成事業者の経済活動上の利益に直接又は間接に寄与するものをいい、個々の事業者の具体的利益であるか、業界一般の利益であるかを問いません。このため、複数の事業者の結合体であっても、事業者としての共通の利益の増進を目的としていない学術団体、宗教団体等は事業者団体には当たりません。

(一定の取引分野とは)

Q1-4 「一定の取引分野」とは、どのようなことを意味しているのですか。

A

　「一定の取引分野」とは、競争制限がもたらされる範囲をいいます。独占禁止法は、「不当な取引制限」(例.価格カルテル、入札談合)」等により「一定の取引分野」における競争を実質的に制限することを禁止しており、その違法性の判断を行うことになりますが、その判断の前提として必要となるのが、地域、分野のような関係事業者の競争圏を画定する作業です。

　「一定の取引分野」は、取引対象の商品・役務、取引地域（地理的範囲〔例．東京都内〕）、取引段階（例．卸売、小売）、特定の取引の相手方・物件（例．○○県が一般競争入札により発注する○○工事）等によって画定されます。

　この「一定の取引分野」は事業によって異なり、例えば、家庭電気製品小売業者の競争範囲が特定の都道府県内の地域であると考えられる場合には、その地域内の家庭電気製品小売業界を「一定の取引分野」ととらえ、大型船舶の造船事業のように日本全国の同業者が競争関係にあると考えられる事業については、全国の大型船舶の造船業界を「一定の取引分野」ととらえることになります。

(競争を実質的に制限するとは)

Q1-5 「競争を実質的に制限する」とはどのようなことを意味しているのでしょうか。

A

　独占禁止法には、不当な取引制限の定義規定（2条6項）等に違法性の重要な判断基準として、「競争を実質的に制限する」との規定があります。ここでいう「競争」とは状態を表わす概念であり、市場において公正かつ自由な競争が行われることによって商品、役務等の価格等が形成され、競争秩序が維持されることになります。したがって、競争の実質的制限とは、このような競争秩序を乱し又は同秩序の形成を妨げることによって市場支配力を形成し、維持・強化することであり、市場における競争機能、即ち、価格メカニズムに「重大な」影響を及ぼすことによって競争に質的な変化をもたらすことを意味しています。

　カルテル（入札談合を含む。）を対象として、「競争の実質的制限」の事態が生じているか否かの判断をする際には、当該カルテルの対象である商品・役務等の関係事業者全体の市場占拠率（シェア）を考慮する必要があります。

Ⅰ　独占禁止法　1　独占禁止法の目的

（カルテルとは）

Q1-6　「カルテル」とはどのような行為を指すのでしょうか。

A

　カルテルは、事業者が競争市場において独自に営業活動を行うことが求められているにもかかわらず、複数の事業者が、例えば、価格カルテル、入札談合、販売数量の割当等について共通の意思を形成し競争を回避する行為であり、一定の取引分野の競争を実質的に制限する場合には独占禁止法上の「不当な取引制限」に該当します。

　なお、事業者団体によるカルテルは、競争を実質的に制限する場合だけでなく構成事業者（例．組合員）の機能活動を不当に制限するものであっても独占禁止法8条4号に違反します。

　カルテルには、価格・料金、数量、営業時間、休業日にかかわるものなど

事業者団体による入札談合も不当な取引制限と同様に独禁法違反となります。

種々ありますが、対価にかかわる（価格に影響を与える）カルテルは、競争事業者間の競争を著しく制限することにより参加事業者の利潤の増加をもたらす半面、一般消費者などの取引の相手方に重大な不利益を蒙らせることになります。

> **一口メモ**
>
> 　価格カルテルも入札談合も不当な取引制限に該当する行為ですが、価格カルテルは、複数の事業者が、共同して、対象商品・役務の価格等を決定し、相互に拘束し合って値上げ等を実施する行為であるのに対し、入札談合は、入札参加業者が受注機会の均等化等を図るために、あらかじめ、受注予定者を決定し、受注予定者は受注予定価格等を他の入札参加業者に連絡するなどして、入札時には受注予定者が受注できるように他の入札参加業者が協力する受注調整行為であり、価格カルテルとは異なっています。

Ⅰ　独占禁止法　1　独占禁止法の目的

（平成17年の独占禁止法改正の目的と主なポイント）

Q 1-7 平成17年の独占禁止法改正の目的と主なポイントを教えてください。

A

(1) 平成17年の独占禁止法改正（平成18年1月4日施行）には、主に、次の3つの目的がありました。
　① （我が国では、この当時、価格カルテル・入札談合が、同一企業、同一業界によって、あるいは同一地域内で繰り返し行われて後を絶たない状況にあったことから、）横並び・談合体質の一掃
　② 企業に対する価格カルテル・入札談合からの自発的な離脱の慫慂
　③ 独占禁止法違反事件の調査手続及び審判手続の適正化の推進
(2) 改正の主なポイントは、次のとおりです。
　① 課徴金制度の見直し
　　ア　課徴金算定率の引上げ　　　　　　（　）内は中小企業の優遇措置

	改正前	改正後
製 造 業 等	6％（3％）	10％（4％）
小 売 業	2％（1％）	3％（1.2％）
卸 売 業	1％（1％）	2％（1％）

　　　【注】：建設業、測量業、設計業、地質調査業、コンサルタント業等は、「製造業等」に含まれます。
　　　【注】：建設業における中小企業とは、資本の額又は出資の総額が3億円以下の会社並びに従業員数が300人以下の事業者（会社又は個人）であり、測量業、設計業、地質調査業、コンサルタント業等の中小企業とは、資本の額又は出資の総額が5,000万円以下の会社並びに従業員数が100人以下の事業者（会社又は個人）です。
　　イ　違反行為を早期にやめた者であるときには、算定率を2割軽減
　　　【注】：「早期にやめる」とは、公正取引委員会の調査開始日の1月前までに違反行為をやめ、違反行為の実行期間が2年未満であることを意味します。
　　ウ　違反行為を繰り返し行った場合には、算定率を5割加算
　　　【注】：「違反行為を繰り返す」とは、公正取引委員会の調査開始日からさかのぼり10年以内に、課徴金納付命令等を受けたことがある者であることを意味します。

エ　適用対象範囲の見直し
　　　　課徴金の適用対象範囲は、従来、価格カルテルなどに限られていましたが、新たに価格・数量・シェア・取引先を制限するカルテル、支配型私的独占及び購入カルテルも適用対象範囲となりました。
　　オ　独占禁止法違反の罰金額の半分を課徴金額から控除する調整措置を規定
　　（Q6-11参照）
②　課徴金減免制度の導入
　・課徴金減免制度は、公正取引委員会に対し自ら違反事実の報告、資料の提出を行い、公正取引委員会の調査開始後は違反行為から離脱し、調査に協力した事業者に対して、課徴金を免除又は減額する制度であり、申請順位と減免の関係は次のとおりです。

調査開始日前の申請	申請順位1番目	課徴金を免除
	2番目	50％減額
	3番目	30％減額
調査開始日後の申請		30％減額

　　【注1】：減免申請者（企業）は先着3名であり、調査開始日以前の申請者が3名に達した場合には、調査開始後の申請は認められないことになります。
　　【注2】：先着3名以内の申請者であっても、申請内容が虚偽であった場合又は調査への協力が得られない場合には減免対象から除外されます。
③　犯則調査権限の導入など
　・刑事告発相当事案を調査する際の権限として、犯則調査権限を導入
　・刑事告発事件の第一審の裁判管轄を、東京高等裁判所の専属管轄から各地方裁判所に変更
　・検査妨害の罪の罰則の強化
　（20万円以下の罰金　→　1年以下の懲役又は300万円以下の罰金）
④　審査手続等の見直し
　　事前通知後、意見申述、証拠提出の機会を設けた上で、法的措置である排除措置命令、課徴金納付命令を行い、不服があれば審判手続を開始する事後審判制度に変更（勧告制度を廃止）。

Ⅰ　独占禁止法　1　独占禁止法の目的

(平成21年の独占禁止法改正の背景等と主なポイント)

Q1-8 平成21年の独占禁止法改正の背景等と主なポイントを教えてください。

A

平成21年の独占禁止法の改正は、平成17年に同法の改正法案が成立した際の衆参両院の経済産業委員会における付帯決議を踏まえて、改正法の施行状況や社会経済情勢の変化等を考慮し、課徴金制度の在り方、違反行為の排除措置の手続の在り方、審判手続の在り方等を検討し見直しを行った結果、公正かつ自由な競争を前提とした経済社会を実現するためには、さらに、競争政策を積極的に推進する必要があるとの考えから行われたものです。

改正の主なポイントは、次のとおりです。

① 課徴金対象の行為類型の拡大
　次の行為類型が新たな課徴金の対象
　・排除型私的独占
　・不当廉売、差別対価、共同の取引拒絶、再販売価格の拘束（10年以内に違反行為を繰り返した場合）（Q4－3、Q4－6参照）
　・優越的地位の濫用（Q4－8参照）
② 主導的事業者に対する課徴金を割増し（Q6－6参照）
③ 課徴金減免制度の拡充（Q7－3、Q7－4参照）
　・共同申請（同一企業グループ内の複数の事業者による共同申請を認める）
　・減免申請者数の拡大（調査開始前と開始後で併せて最大5社（改正前は最大3社。ただし、調査開始後は最大3社）に拡大
④ 事業を承継した一定の企業に対しても排除措置命令・課徴金納付命令が可能（Q5－6、Q6－7参照）
⑤ 排除措置命令・課徴金納付命令に係る除斥期間を現行の3年から5年に延長（Q3－17参照）
⑥ 不当な取引制限等の罪に対する懲役刑の引上げ（Q8－8参照）

3年以下の懲役又は500万円以下の罰金 ⇒ 5年以下の懲役又は500万円以下の罰金

課徴金の算定率一覧

	製造業等	小売業	卸売業
不当な取引制限	10％(4％)	3％(1.2％)	2％(1％)
支配型私的独占	10％	3％	2％
排除型私的独占	6％	2％	1％
不当廉売、差別対価等（繰り返し）	3％	2％	1％
優越的地位濫用	1％		

括弧内は中小企業の場合の算定率

主導的な役割を果たした事業者に対する課徴金の加算

- カルテル・入札談合等が対象
- 課徴金を5割増（例：大企業・製造業等の場合10％⇒15％）
  割増率の対象となる事業者
  ○ 違反行為をすることを企て、他の事業者に違反行為をすることを要求し、当該違反行為をさせた者
  ○ 他の事業者の求めに応じて、継続的に他の事業者に対して対価、取引の相手方等を指定した者　等

課徴金減免制度の拡充

共同申請

一定の要件を満たす場合に、同一企業グループ内の複数の事業者による共同申請を認め、すべての共同申請者に同一の順位を割り当てる。

減免申請者数の拡大

調査開始前と開始後で併せて5社まで
（ただし、調査開始後は最大3社まで）

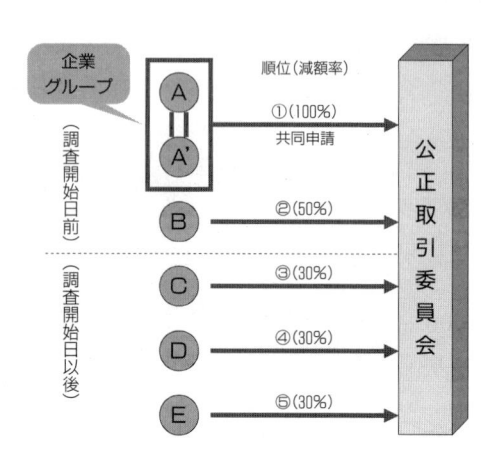

企業グループ A - A'（調査開始日前）：①(100％) 共同申請 → 公正取引委員会
B（調査開始日前）：②(50％)
C（調査開始日以後）：③(30％)
D（調査開始日以後）：④(30％)
E（調査開始日以後）：⑤(30％)

Ⅰ　独占禁止法　1　独占禁止法の目的

合併、分割又は譲渡が行われた場合における排除措置命令・課徴金納付命令の名あて人の取扱い

排除措置命令

合併、分割又は譲渡により、違反行為に係る事業を引き継いだ存続会社等に対しても排除措置を命ずることができる旨を明確化

例

A社 ──違反行為期間── 合併 ↓
B社 ─────────────→ 排除措置命令

課徴金納付命令

一定の場合に、分割又は譲渡によって違反行為に係る事業を引き継いだグループ会社に対して課徴金の納付を命ずる旨を規定

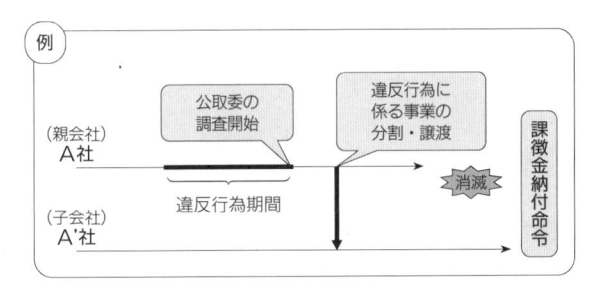

例

（親会社）A社 ──違反行為期間── 公取委の調査開始 → 違反行為に係る事業の分割・譲渡 ↓ 消滅
（子会社）A'社 ─────────────→ 課徴金納付命令

課徴金納付命令等に係る除斥期間の延長

○除斥期間（※）を徒過したことにより、課徴金納付命令等を行えない事例に対処するため、課徴金納付命令等に係る除斥期間を、現在の3年から5年に延長。

※違反行為がなくなってから命令を行うまでの期間の上限

（参考）国内他法令、米国・EUの競争法の金銭的不利益処分の除斥期間

法令等	国税通則法 (過少申告、無申告、不納付)	金融商品取引法 (インサイダー取引等)	公認会計士法 (※改正版) (財務書類の虚偽証明)	米国・反トラスト法 (カルテル等)	EU・競争法 (カルテル等)
除斥期間	加算税：5年 重加算税：7年	課徴金：3年	課徴金：7年	刑事罰：5年	制裁金：5年 (最長10年)

17

(平成22年の独占禁止法改正法案)

Q1-9 平成22年の独占禁止法改正法案の内容を教えてください。

A

平成22年3月12日に、国会に提出された独占禁止法改正法案の概要は、次のとおりです。

① 公正取引委員会の審判制度を廃止し、審決(行政処分)に不服がある場合には東京高等裁判所に控訴する制度も廃止する。

② 裁判所における専門性の確保等を図る観点から、排除措置命令等に係る抗告訴訟は東京地方裁判所で審理することとし、東京地方裁判所では3人又は5人の裁判官の合議体で審理及び裁判を行う。

③ 排除措置命令等に関する事前の関係事業者からの意見聴取手続については、予定される排除措置命令の内容等の説明、証拠の閲覧・謄写に係る規定の整備を行う。

なお、平成22年の改正法案は、平成21年6月に成立した独占禁止法改正法の審議過程で衆議院及び参議院の経済産業委員会の附帯決議があり、独占禁止法改正法の附則20条1項に「審判手続に係る手続について、全面にわたって見直すものとし、平成21年度中に検討を加え、その結果に基づいて所要の措置を講ずるものとする」と規定されたことを踏まえて、平成22年3月、通常国会に上程されたものです。

しかしながら、平成22年の独占禁止法改正法案は、同年の通常国会のほか同年の臨時国会においても審議未了で継続審議となっております。

I　独占禁止法　1　独占禁止法の目的

> 私的独占の禁止及び公正取引の確保に関する法律の一部を改正する法律案の概要
>
> ■ 公正取引委員会が行う審判制度を廃止し、公正取引委員会の行政処分（排除措置命令等）に対する不服審査については、抗告訴訟として東京地方裁判所において審理することとする。
> ■ 公正取引委員会が行政処分（排除措置命令等）を行う際の処分前手続として、行政手続法上の聴聞手続における手続保障の水準を基本とした意見聴取手続を行うこととする。

第1　審判制度の廃止・排除措置命令等に係る訴訟手続の整備

(1) 審判制度の廃止
  ① 公正取引委員会が行う審判制度を廃止する。（現行法第52条から第68条まで他）
  ② 実質的証拠法則(注)を廃止する。（現行法第80条）
    (注)　公正取引委員会の認定した事実は、これを立証する実質的な証拠があるときには、裁判所を拘束する旨の規定
  ③ 新証拠提出制限(注)を廃止する。（現行法第81条）
    (注)　公正取引委員会が審判手続において正当な理由なく当該証拠を採用しなかった場合等に限り、被処分者は裁判所に対して新たな証拠の申出をすることができる旨の規定
(2) 排除措置命令等に係る訴訟手続の整備
  ① 第一審機能を地方裁判所に（改正法第85条）
    審判制度の廃止に伴い、公正取引委員会の行政処分（排除措置命令等）に対する不服審査（抗告訴訟）については、その第一審機能を地方裁判所に委ねる。
  ② 裁判所における専門性の確保（東京地裁への管轄集中）（改正法第85条）
    独占禁止法違反事件は、複雑な経済事案を対象とし、法律と経済の融合した分野における専門性の高いものであるという特色があることを踏まえ、公正取引委員会の行政処分（排除措置命令等）に係る抗告訴訟については、東京地方裁判所の専属管轄とし、判断の合一性を確保するとともに

裁判所における専門的知見の蓄積を図る。
- ③ 裁判所における慎重な審理の確保(改正法第86条、第87条)
  - ア 東京地方裁判所(第一審)においては、排除措置命令等に係る抗告訴訟については、3人の裁判官の合議体により審理及び裁判を行うこととする。また、5人の裁判官の合議体により審理及び裁判を行うこともできることとする。
    - (注) 地方裁判所においては、単独の裁判官により審理及び裁判が行われることが原則。
  - イ 東京高等裁判所(控訴審)においては、5人の裁判官の合議体により審理及び裁判を行うことができることとする。
    - (注) 高等裁判所においては、3人の裁判官の合議体により審理及び裁判が行われることが原則。

第2 排除措置命令等に係る意見聴取手続の整備
(1) 指定職員が主宰する意見聴取手続の制度を整備(改正法第49条以下)
  ① 意見聴取手続の主宰者(改正法第53条)
    意見聴取は、公正取引委員会が事件ごとに指定するその職員(指定職員:手続管理官(仮称))が主宰することとする。
  ② 審査官等による説明(改正法第54条第1項)
    指定職員は、審査官その他の当該事件の調査に関する事務に従事した職員に、予定される排除措置命令の内容等(予定される排除措置命令の内容、公正取引委員会の認定した事実、法令の適用、主要な証拠)を、意見聴取の期日に出頭した当事者(排除措置命令の名あて人となるべき者)に対して説明させなければならないこととする。
  ③ 代理人の選任(改正法第51条)
    当事者は、意見聴取手続に当たり、代理人を選任することができる。
  ④ 意見聴取の期日における意見申述、審査官等に対する質問(改正法第54条第2項)
    当事者は、意見聴取の期日に出頭して、意見を述べ、及び証拠を提出し、並びに指定職員の許可を得て審査官等に対して質問を発することができることとする(当事者は、期日への出頭に代えて、陳述書及び証拠を提出することもできる。)。

⑤ 指定職員による調書・報告書の作成（改正法第58条、第60条）

　指定職員は、意見聴取の期日における当事者の意見陳述等の経過を記載した調書、当該意見聴取に係る事件の論点を整理して記載した報告書を作成し、公正取引委員会に提出することとする。公正取引委員会は、排除措置命令に係る議決をするときは、指定職員から提出された調書及び報告書を十分に参酌しなければならないこととする。

(2) 公正取引委員会の認定した事実を立証する証拠の閲覧・謄写（改正法第52条）

① 閲覧

　当事者は、意見聴取の通知を受けた時から意見聴取が終結するまでの間、意見聴取に係る事件について公正取引委員会の認定した事実を立証する証拠の閲覧を求めることができることとする。

② 謄写

　当事者は、閲覧の対象となる証拠のうち、自社が提出した物証及び自社従業員の供述調書については、謄写を求めることができることとする。

(3) 課徴金納付命令・競争回復措置命令についての準用（改正法第62条第4項、第64条第4項）

　排除措置命令に係る(1)及び(2)の手続は、課徴金納付命令及び独占的状態に係る競争回復措置命令について準用することとする。

第3　附則

○　公布の日から起算して1年6月を超えない範囲内において政令で定める日から施行することとする。

○　公正取引委員会が事件について必要な調査を行う手続について、我が国における他の行政手続との整合性を確保しつつ、事件関係人が十分な防御を行うことを確保する観点から検討を行い、この法律の公布後1年を目途に結論を得て、必要があると認めるときは、所要の措置を講ずるものとする。

（公正取引委員会の組織と職務権限）

Q 1-10 公正取引委員会の組織と職務権限を教えてください。

A

① 組織

　公正取引委員会は、独占禁止法の目的を達成するために設けられた国の行政機関であり、内閣総理大臣の所轄に属しています。

　公正取引委員会の意思を決定する「委員会」は、委員長及び4人の委員で構成されています。

　委員長及び委員は、35歳以上で、法律又は経済に関する学識経験者の中から、内閣総理大臣が両議院の同意を得て任命し、委員長は認証官です。

　委員長及び委員の任期は5年、定年は70才で、身分が保障されており、特定された理由がなければ、在任中、その意に反して罷免されることはありません。

　委員会の事務を処理するために事務総局が置かれており、事務総局には、内部部局として官房、経済取引局、審査局が置かれているほか、地方機関として、札幌、仙台、名古屋、大阪、広島、高松、福岡、那覇に地方事務所又は支所等が置かれています。

　事務総局職員の定員は、平成22年度末時点で791人であり、同年度の予算は約89億円です。

② 職務権限

　所掌事務は、独占禁止法1条の目的を達成するため、同法27条の2に規定されている次の事務です。

・私的独占の規制に関すること
・不当な取引制限に関すること
・不公正な取引方法に関すること
・独占的状態に係る規制に関すること
・所掌事務に係る国際協力に関すること

・前各号に掲げるもののほか、法律（法律に基づく命令を含む。）に基づき、公正取引委員会に属させられた事務

　公正取引委員会の委員長及び委員には、職務権限の独立性が認められており、職務権限を行使する際は、誰からも指揮監督を受けることなく、独立して行うことになっています。

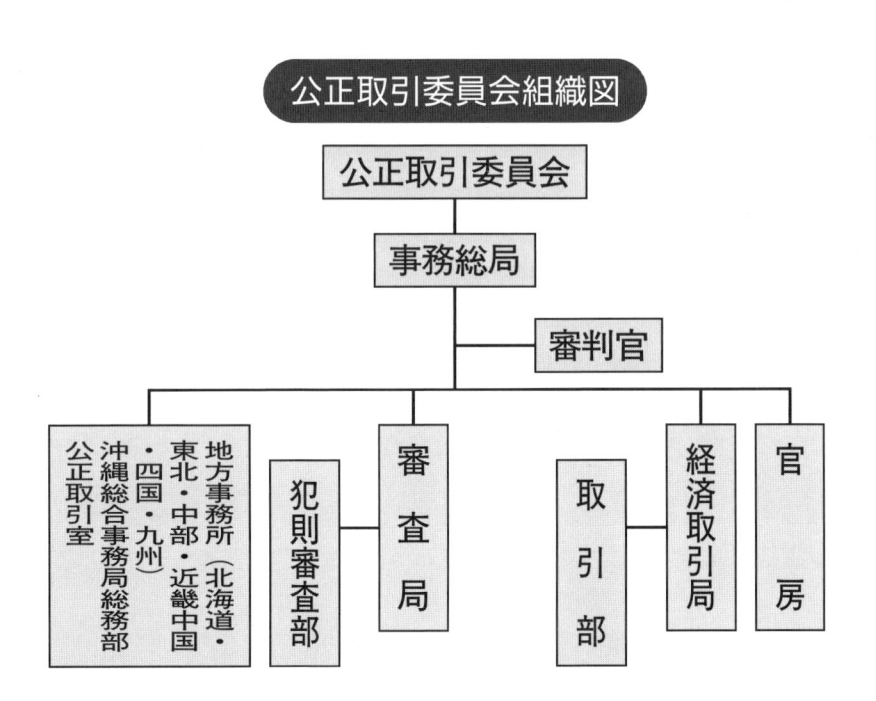

公正取引委員会組織図

```
          公正取引委員会
               │
            事務総局
               │─────── 審判官
   ┌─────┬─────┬─────┬─────┬─────┬─────┐
 地方  犯則  審査  取引  経済  官
 事務  審査  局    部    取引  房
 所    部                 局
 （北海道・
 東北・中部・
 四国・九州
 ・近畿中国
 沖縄総合事務局総務部
 公正取引室）
```

（協同組合の共同経済事業が独占禁止法に違反しない理由）

Q1-11 中小企業等協同組合法に基づいて設立された協同組合が、共同経済事業として行う共同行為は、独占禁止法に違反しない場合もあるようですが、その理由を教えてください。

A

　独占禁止法は、法律の規定に基づいて設立されており、一定の要件を備えた組合の行為には、不公正な取引方法を用いる場合又は一定の取引分野における競争を実質的に制限することにより不当に対価を引き上げることとなる場合以外は、原則として、適用されないことになっています（22条）。

　「一定の要件」とは、次のとおりです。
(1)　小規模事業者又は消費者の相互扶助を目的とすること
(2)　設立及び組合員の加入・脱退の自由が認められていること
(3)　各組合員の議決権が平等であること
(4)　組合員への利益分配の限度が法令又は定款で定められていること

　この規定の主旨は、単独では有効な競争単位として大企業に対抗して経済活動を行うことが困難な小規模な事業者や消費者が、相互扶助を目的とする協同組合を組織することにより、公正かつ自由な競争を促進する主体となり得ることを考慮したものです。

　　【注】：小規模事業者とは、資本の額又は出資の総額が3億円（小売業又はサービス業者は5,000万円、卸売業者は1億円）を超えていない事業者又は従業員数が300人（小売業者は50人、卸売業者又はサービス業者は100人）を超えていない事業者（中小企業基本法2条）です。

　設問の協同組合の共同経済事業が独占禁止法に違反しない理由は、協同組合が商品の共同販売事業等を実施する際には、その価格等の決定を伴いますが、上記要件を具備し、不公正な取引方法を用いる場合又は一定の取引分野における競争を実質的に制限することにより不当に対価を引き上げることとならなければ独占禁止法の適用が除外されるためです。

2　独占禁止法違反事件の審査

(独占禁止法違反事件の端緒、調査方法)

Q 2-1 独占禁止法違反事件はどのような端緒により、どのような調査を行うのですか。

A

　独占禁止法違反事件の処理手続は、①事件の端緒（事件審査開始の契機となる違反被疑情報）の入手、②事件の審査、③措置の順で行われます。
　違反事件の処理手続の流れは、次のとおりです。

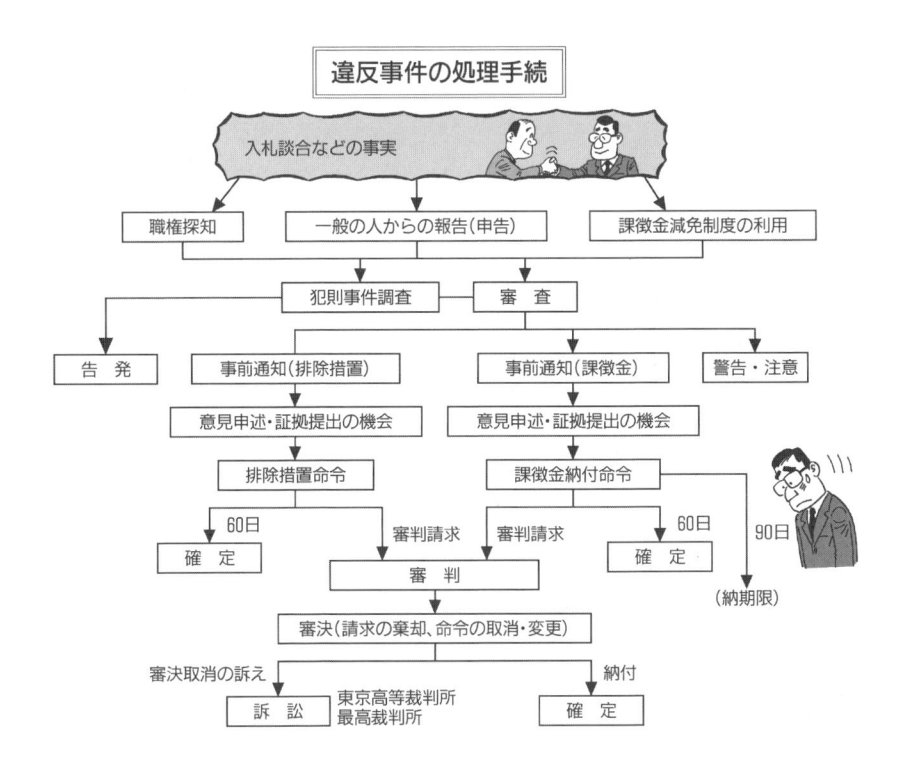

違反事件の処理手続

入札談合などの事実

- 職権探知
- 一般の人からの報告（申告）
- 課徴金減免制度の利用

↓

犯則事件調査　／　審査

- 告発
- 事前通知（排除措置）
- 事前通知（課徴金）
- 警告・注意

意見申述・証拠提出の機会　／　意見申述・証拠提出の機会

排除措置命令　／　課徴金納付命令

60日　審判請求　審判請求　60日　90日
確定　　　　　　　　　　　確定　（納期限）

↓

審判

↓

審決（請求の棄却、命令の取消・変更）

審決取消の訴え → 訴訟（東京高等裁判所、最高裁判所）
納付 → 確定

① 事件の端緒

　公正取引委員会は、独占禁止法に違反する疑いがあると判断したときには違反事件として審査を開始しますが、違反事件の端緒には「職権探知」、「申告」及び「課徴金減免制度に基づく報告」等があります。

　「職権探知」とは、公正取引委員会が自ら収集した違反行為に係る情報を意味します。「申告」とは、一般人からの違反行為に係る情報の報告を言い、文書又は電気通信回線を利用して、申告人の氏名、住所等を明らかにし、具体的な事実を摘示して申告が行われた場合には、公正取引委員会は、当該申告人に対し、その申告事実に係る措置結果を通知する義務があります。

　「課徴金減免制度に基づく報告」とは、独占禁止法違反行為を行っていた事業者が、課徴金減免制度を利用して行う違反事実の報告を意味します。

② 事件審査

　公正取引委員会は、独占禁止法違反の疑いがあり調査する必要があると認めるときには、通常、「行政事件調査」を行い、刑事告発を念頭に置いて開始する事件については「犯則事件調査」を行います。

　ア　行政事件調査

　　行政事件調査には、任意審査と正式審査があります。任意審査は、相手方の任意の協力を得て行い、正式審査は、独占禁止法47条に規定する強制権限（間接強制）を用いて行います。

　　公正取引委員会は、正式審査を行う際には事件毎に職員の中から審査官を指定して審査に当たらせていますが、審査官の権限は次のとおりです。

　　(ｱ)　事件関係人の営業所その他必要な場所に立ち入り、業務及び財産の状況、帳簿書類、その他の物件を検査すること
　　(ｲ)　帳簿書類その他の物件の所持者に対し、当該物件の提出を命じ、又は提出物件を留め置くこと
　　(ｳ)　事件参考人又は参考人に出頭を命じて審尋し、これらの者から意見、報告を徴すること

I　独占禁止法　2　独占禁止法違反事件の審査

イ　犯則事件調査

　犯則事件調査は、私的独占、不当な取引制限等の違反事件が悪質かつ重大な事案であると認められた場合には、関係事業者等を刑事告発することを念頭に置いて行う事件審査手続であり、平成17年の独占禁止法改正法で新たに導入された犯則調査権限を用いて行われます。

　犯則事件調査を行う際には、指定を受けた公正取引委員会の職員が地方裁判所又は簡易裁判所の裁判官があらかじめ発する許可状によって、関係事業者の臨検、捜索又は差押えを行うことができます（102条）。

　公正取引委員会は、犯則事件調査の結果、刑事告発が相当と認められた場合には検事総長に告発します。

（申告の仕方）

Q2-2 公正取引委員会への申告の方法等について教えてください。

A

　申告は、公正取引委員会の申告窓口に対して、事業者（企業）、消費者、行政機関など誰でも行うことができますし、申告の方法も窓口の部署に直接赴いて口頭で行うほか、文書、電気通信回線の利用、電話等で行うこともできますし、顕名に限らず匿名で行うこともできます。

　申告を行う際には、できるだけ、「いつ」、「どこで」、「誰が」、「誰とともに」、「誰に対し」、「なぜ」、「どういう方法で」、「何を」したのかが分かるように内容を整理して行い、関係資料も極力提出することが望まれます。

　公正取引委員会では、申告内容だけでは不明な点や確認を要する点がある場合、電話等で申告人に照会することによって補足できれば、早期に審査に着手することが可能になりますので、申告する際には、申告人の連絡先、電話番号などを極力付記することが望まれます。

　なお、公正取引委員会の職員は、国家公務員法100条及び独占禁止法39条により、職務上知り得た秘密を守る、いわゆる守秘義務が課されていることから、申告内容等についても細心の注意を払って情報の管理に努めています。

Ⅰ　独占禁止法　2　独占禁止法違反事件の審査

	所　在　地	管　轄　地　域
公正取引委員会事務総局	〒100-8987　東京都千代田区霞が関1-1-1 中央合同庁舎第6館B棟 TEL(03)3581-5471(代表)	茨城県・栃木県・群馬県 埼玉県・千葉県・東京都 神奈川県・新潟県 長野県・山梨県
北　海　道　事　務　所	〒060-0042　札幌市中央区大通西12丁目 （札幌第3合同庁舎5階） TEL(011)231-6300	北　　海　　道
東　北　事　務　所	〒980-0014　仙台市青葉区本町3-2-23 （仙台第2合同庁舎8階） TEL(022)225-7095	青森県・岩手県・宮城県 秋田県・山形県・福島県
中　部　事　務　所	〒460-0001　名古屋市中区三の丸2-5-1 （名古屋合同庁舎第2号館3階） TEL(052)961-9421	富山県・石川県・岐阜県 静岡県・愛知県・三重県
近畿中国四国事務所	〒540-0008　大阪市中央区大手前4-1-76 （大阪合同庁舎第4号館10階） TEL(06)6941-2173	福井県・滋賀県・京都府 大阪府・兵庫県・奈良県 和歌山県
近畿中国四国事務所中国支所	〒730-0012　広島市中区上八丁堀6-30 （広島合同庁舎4号館10階） TEL(082)228-1501	鳥取県・島根県・岡山県 広島県・山口県
近畿中国四国事務所四国支所	〒760-0068　高松市松島町1-17-33 （高松第2地方合同庁舎5階） TEL(087)834-1441	徳島県・香川県・愛媛県 高知県
九　州　事　務　所	〒812-0013　福岡市博多区博多駅東2-10-7 （福岡第2合同庁舎別館2階） TEL(092)431-5881	福岡県・佐賀県・長崎県 熊本県・大分県・宮崎県 鹿児島県
内閣府沖縄総合事務局 総務部公正取引室	〒900-0006　那覇市おもろまち2-1-1 （那覇第2地方合同庁舎2号館6階） TEL(098)866-0049	沖　　縄　　県

(申告人に対する措置結果の通知時期)

Q2-3 公正取引委員会に申告した内容について、措置結果の通知が届くのはいつごろになるのでしょうか。

A

　最近の独占禁止法違反事件に係る申告件数は、毎年10,000件以上ありますが、その申告内容は具体的かつ詳細なものや推測に過ぎないものなど多種多様であり、公正取引委員会が違反の疑いがないため審査を要しないと判断する事案、疑いが濃厚であるか否かさらに補足調査を行うこととする事案、疑うに足る十分な情報が得られていないため追加情報を待って判断することとする事案等々があると考えられます。

　このため、審査を開始するまでには数か月以上の時間を要する事案もあるようですし、違反の疑いが濃厚で審査を開始した事案でも、その事案内容、即ち、違反行為の類型、関係人数の多寡、課徴金対象事案か否か等によって審査開始から審査終了までの期間は区々であり、数か月で終了する事案がある一方、1年程度に及ぶ事案もあるようです。

　このため、申告人が文書等により氏名、住所等を明らかにし、具体的な独占禁止法違反の被疑事実を摘示して申告した事案について、公正取引委員会

申告件数の推移

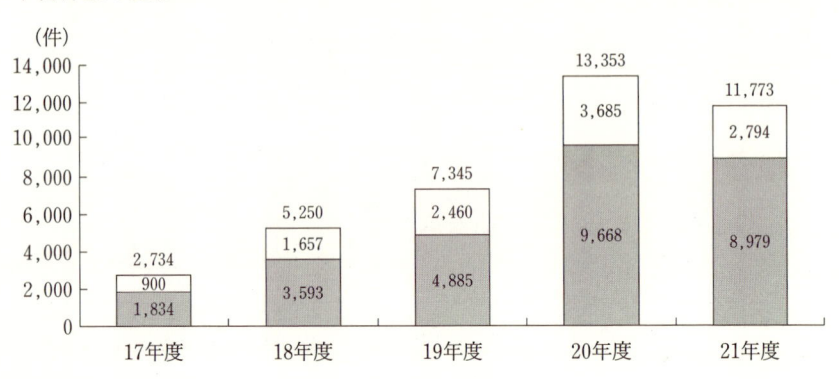

(件)

年度	下段	上段	合計
17年度	1,834	900	2,734
18年度	3,593	1,657	5,250
19年度	4,885	2,460	7,345
20年度	9,668	3,685	13,353
21年度	8,979	2,794	11,773

がこれを受理して審査を行い、その事案の措置結果を申告人に文書で通知するまでに要する期間は、事案によって様々ということになります。

なお、公正取引委員会では、家庭電気製品、石油製品、酒類等の「小売業に係る不当廉売事案」については、顕名で文書等により報告があった事案については、迅速に調査を行い申告人に対し、措置結果を原則として2か月以内に書面で通知することとして対応しています。

これは、このような事案の申告件数が非常に多く、関係人に事実を確認するとともに独占禁止法の規制内容を説明し、独占禁止法に違反することとなりかねない行為を改めるよう指導する簡易処理の方法が有効と考えられているためのようです。

（留置された資料の閲覧・謄写）

Q 2-4 立入検査を受けて公正取引委員会に提出した資料を後日閲覧・謄写する必要が生じた場合、公正取引委員会ではどのように対応してくれるのでしょうか。

A

　公正取引委員会では、立入検査を行い関係事業者、事業者団体等に提出を命じて留置する証拠資料の中には、その事業者等の役職員が日常的に使用していた資料が少なくないことから、関係事業者等に対し、事業活動に不可欠な資料は必要最小限の範囲で謄写した上で原本を提出するよう命じているようです。

　また、公正取引委員会では、証拠調べの終了後に審査に支障のない範囲で、提出者の必要に応じて資料等の仮還付（期間を限定して、一時的に返却）、閲覧又は謄写の求めに応じているようです。

（排除措置命令や課徴金納付命令に係る不服申立て）

Q 2-5 入札談合があったとして排除措置命令や課徴金納付命令を受け、納得できないのですが、不服申立てすることは可能ですか。

A

　排除措置命令や課徴金納付命令に不服がある場合には、それぞれその謄本が到達した日から60日以内に審判請求を行うことができます（49条6項、50条4項）。

　また、審判請求は、①審判請求をする者及びその代理人の氏名又は名称及び住所又は居所、②審判請求に係る命令、③審判請求の趣旨及び理由を記載した請求書を公正取引委員会に提出して行うこととされており（52条1項）、「審判請求の趣旨」には、命令の取消し又は変更を求める範囲を明らかにするように記載することとされています。

　審判の結果は、審決（行政処分）によって示されますが、審決に不服がある場合には、通常、審決書の謄本が到達した日から30日以内に東京高等裁判所に対して「審決取消しの訴え」を提起することができます（77条）。

　さらに、東京高等裁判所の判決にも不服がある場合には、14日以内に最高裁判所に「上告」又は「上告受理の申立て」を行うことができます。

(審判手続)

Q 2-6 独占禁止法違反事件の審判手続を教えてください。

A

　公正取引委員会は、排除措置命令あるいは課徴金納付命令について審判請求があり、その審判請求が適法なものである場合には審判請求をした者に対して審判開始通知書の謄本を送達（55条1項）して、審判手続を開始します（55条3項）。

　審判は、裁判の第一審に相当する手続であり、公正取引委員会の審査官は刑事事件の検事のような立場で、審判官は裁判官のような立場で、また、審判請求を行った被審人は多くの場合、弁護士を代理人としてそれぞれ参加する三面構造で行われます。

　審判手続は、多くの場合、審判官の指揮の下に冒頭手続、証拠調べ、最終意見陳述等の審理が行われ、審判官は審決案を公正取引委員会に提出します。

　公正取引委員会は、審判官の審決案、審決案に対する被審人からの異議申立てを踏まえて違反行為の有無あるいは課徴金納付命令の適否を判断し、請求の棄却、命令の取消し等の審決（行政処分）を行います。

　事業者は、審判手続を経て示された審決においても主張が認められなかった場合、審決書の送達日から30日以内（77条）に東京高等裁判所に「審決取消の訴え」を提起することができます。

　また、東京高等裁判所の判決に不服がある場合には、14日以内に最高裁判所に対し、「上告」及び「上告受理の申立て」を行うことができます。

一口メモ

　審判制度については、平成22年3月に、同制度の廃止を内容とする独占禁止法改正法案が通常国会に上提されたものの審議未了で継続審議となり、同年12月には臨時国会においても継続審議となっています。
　なお、同改正法案の概要は、Q1-9記載のとおりです。

3 入札談合

(入札談合とは)

Q 3-1 入札談合に当たるのはどのような行為ですか。

A

　入札談合は、官公庁等の競争入札や競争見積り合せに参加する事業者が、あらかじめ、共同して受注予定者等を決めた上で入札に参加することにより、入札参加業者間の自由な競争を制限するだけではなく、競争入札制度を否定する行為です。

　なお、入札談合は、官公庁等発注の土木、建築等の工事に係る入札や測量設計、コンサルタント業務等の役務の調達に係る入札においても行われています。

　入札談合の態様は区々ですが、例えば、入札参加業者が同業者による会合を設けて、あらかじめ、入札に係る受注予定者を決定するルールを決めた上で、個々の入札の都度、同ルールに基づいて受注予定者を決定し、他の入札参加業者は、受注予定者が受注できるように協力する方法、特定の者を仕切り役として受注の配分を任せる方法などがあります。

建設業者がしてはいけないこと

[談合→入札]

● 指示された価格で入札すること

[電話での連絡]

● 一堂に会さなくとも、電話等で連絡を取り合って決めること

[天の声]

● 天の声に従って受注予定者や入札価格を決めること

[JVの組合せ会]

● 組合せ会を開くなどして、入札参加業者同士でJVの組合せについての情報交換をすること

（談合情報に対する発注機関の対応）

Q 3-2 発注機関は談合情報に接した場合、どのように対応しているのでしょうか。

A

　公共機関の活動の原資は基本的に税金であることから、公共工事等に係る入札談合は競争を制限する行為であるだけではなく、入札参加業者間の競争によって受注業者を決める競争入札制度を否定する行為であり、納税者である国民の利益を侵害する行為でもあります。

　入札談合は、公正取引委員会が悪質な独占禁止法違反行為として、厳しい目を光らせているほか、直接の被害者となる発注機関も、国土交通省をはじめとして、平成6年3月以降、談合情報マニュアルを策定し、入札談合の防止に向けて公正取引委員会との連携を強化しています。

　また、平成12年11月に入札契約適正化法（公共工事の入札及び契約の適正化に関する法律）が制定され、公共工事の発注者は、談合があると疑うに足りる事実があるときには、公正取引委員会に通知する義務が課されています。

　このため、国土交通省では、各地方整備局に公正入札調査委員会を設け、同省直轄工事の入札に関して談合情報が寄せられた場合には、談合情報対応マニュアルに基づいて対応することとしています。

談合情報対応マニュアルによる国土交通省の対応

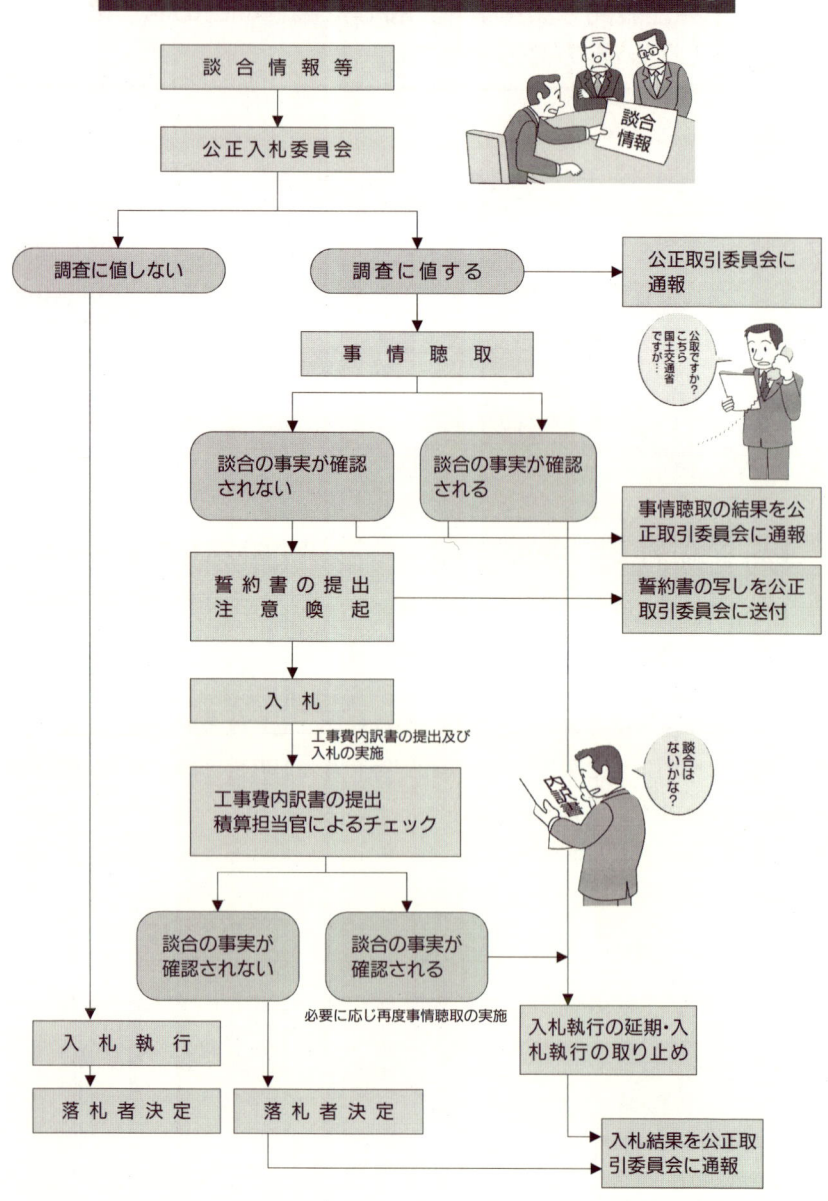

```
談合情報等
   ↓
公正入札委員会
   ├──────────────┬──────────────→ 公正取引委員会に通報
   ↓              ↓
調査に値しない   調査に値する
                  ↓
               事情聴取
                  ├──────────────┐
                  ↓              ↓
            談合の事実が    談合の事実が
            確認されない    確認される
                  │              ↓
                  │         事情聴取の結果を公
                  │         正取引委員会に通報
                  ↓              ↓
            誓約書の提出    誓約書の写しを公
            注意喚起        正取引委員会に送付
                  ↓
                入 札
                  ↓ 工事費内訳書の提出及び
                    入札の実施
            工事費内訳書の提出
            積算担当官によるチェック
                  ├──────────────┐
                  ↓              ↓
            談合の事実が    談合の事実が
            確認されない    確認される
                           必要に応じ再度事情聴取の実施
   ↓              ↓              ↓
入札執行        落札者決定      入札執行の延期・入
   ↓                           札執行の取り止め
落札者決定                        ↓
                             入札結果を公正取
                             引委員会に通報
```

（実損の出る公共工事に係る業者間の話合いは）

Q3-3 実損の出る公共工事について、指名業者間の話合いで受注業者を割り振って、発注機関に協力している場合にも独占禁止法に違反するのでしょうか。

A

　過去には、発注機関が年度末に予算を費消するために、新年度には借りを返すことを条件として事業者側に協力を求め、入札により実損の出る工事を発注した例もあるようですが、独占禁止法は、公正かつ自由な競争を制限する行為を禁止している法律であり、入札談合はいかなる場合にも正当化できません。

　したがって、入札参加業者が、予定価格の積算が厳しい等の理由で実損が出る公共工事に協力することが動機であったとしても、入札参加業者間の話合いにより受注予定者等を決定することは独占禁止法に違反します。

(公共工事の質の確保、受注の均等化等のための受注調整は)

> **Q 3-4** 「公共工事の質の確保」、「地域での受注の均等化」等を目的として受注予定者やその選定方法を決めることは、正当性があるのでしょうか。

A

　入札談合は自由な競争を制限する行為であり、いかなる場合にも正当化できません。

　公共工事の入札に参加する事業者は、受注した場合には工事仕様書に従って施工することを前提として工事経費を積算し、入札に参加することが求められています。また、競争入札制度は、入札参加業者間の公正かつ自由な競争を通じて価格等の面で最も優れた事業者を受注業者として選定する制度です。

　したがって、入札談合が「公共工事の質を確保するため」あるいは「地域での受注の均等化を図るため」との目的によるものであるとしても、競争を制限するとともに入札制度を否定する行為であり許容されるものではありません。

「質の確保」、「受注の均等化」のためであっても、受注予定者や選定方法を決めることは、独禁法違反となります。

I　独占禁止法　3　入札談合

（落札価格が予定価格の範囲内でも違反か）

Q3-5 受注予定者の落札価格は予定価格の範囲内であって、「公共の利益」に反していないことから、その談合は不当な取引制限に当たらないのではないでしょうか。

A

　受注予定者の落札価格は予定価格の範囲内であり、発注機関に損害を蒙らせていないことから、公共の利益に反していないのではないかとの主張ですが、これは合理的な理由があるとは言えません。

　なぜなら、入札参加事業者はそれぞれ事業規模、技術力等が異なり、中には落札価格が予定価格を下回っても十分に採算がとれる事業者が存在し得るものであり、公正な入札による落札価格は、常に、入札談合による落札価格よりは低額になる可能性があること、また、独占禁止法の目的に照らして、公正かつ自由な競争の維持・促進自体が「公共の利益」に該当し、入札談合のような競争制限行為は公共の利益に反する行為であると言えるからです。

　なお、最高裁判所が、刑法96条の3第2項の「公正な価格」について「入札という観点を離れて客観的に測定されるべき公正価格の意ではなく、当該入札において、公正な自由競争によって形成されたであろう落札価格をいう。」と判示した例（最決昭28・12・10刑集7―12―2418）があります。

「共同」して「競争を制限」することは「不当な取引制限」として独禁法違反となります。

41

（「天の声」等に従って受注予定者を決めても違反か）

Q 3-6
いわゆる「天の声」や発注機関からの指導・要請によって受注予定者が決まるのは、事業者間で決めるわけではないので、入札談合には当たらないのではないでしょうか。

A

　いわゆる「天の声」や発注機関等からの指導又は要請があったとすれば、そのこと自体、競争入札制度を否定する重大な問題です。

　「天の声」があった場合でも、事業者の間又は事業者団体において、「天の声」に従うとの決定あるいは暗黙の了解により共通の意思が形成されたのであれば、それは入札談合に該当し、独占禁止法に違反する行為です。

　従来、そのような入札談合を行った事業者又は事業者団体に対しては、独占禁止法に基づいて措置が採られていますが、発注機関等が入札談合に関与することを取り締まる法律はありませんでした。

　このため、平成14年7月に議員立法により官製談合防止法（入札談合等関与行為の排除及び防止に関する法律）が制定されて平成15年1月6日に施行され、入札談合等関与行為が認められた発注機関に対しては、公正取引委員会が改善措置要求の措置を採っています。

天の声に従うのも、入札談合であり、クロの行為です。

Ⅰ　独占禁止法　3　入札談合

（入札談合のパターン）

Q 3-7 入札談合はどのようなパターンで行われるのでしょうか。

A

　入札談合の多くは、入札参加業者間において、受注予定者を決定するルールなどの基本合意に基づいて、個別の発注物件ごとに受注予定者や受注予定価格を決める方法で行われます。

　この場合、基本合意が成立していれば、個別の調整行為が行われていなくとも「不当な取引制限」に該当し、独占禁止法に違反します。

　入札談合の基本合意は、概ね次のような内容の合意（暗黙の了解や慣行化している合意を含む。）です。

① 入札に参加する場合は、幹事等に届け出て、後日、開催される入札参加業者の会合等に参加すること。

② 受注予定者の選定方法は、一定のルール（順番制、点数制、受注希望者間の話合い、営業努力、地域性、継続性、調整役による助言等）によること。

③ 受注予定価格は受注予定者が決定し、同価格等の連絡を受けた他の入札参加業者は、受注予定者が受注できるように協力すること。なお、個別の発注物件の受注予定者、受注予定価格は、基本合意に基づいて決定すること。

暗黙の了解でも入札談合になります。

一口メモ

　入札談合のルールの中に談合破りに対するペナルティ規定がある場合には、独占禁止法違反の処分内容が重くなるのではないかという話がありますが、独占禁止法違反に対する措置の軽重が談合ルールの中のペナルティ規定の有無によってのみ決まることはないと考えられます。違反行為を繰り返している業界に対しては、再発を防止するために、排除措置命令で、談合に関与した各事業者の営業担当者を一定期間その業務に就かせないよう命じることがありますし、当該違反事案が「国民生活に広範な影響を及ぼすと考えられる悪質かつ重大な事案」である場合には、公正取引委員会が「刑事告発の方針」（Ｑ８－４参照）に照らして刑事告発を行うこともあります。

Ⅰ　独占禁止法　3　入札談合

（入札談合参加者は落札なしでも違反か）

Q 3-8 入札談合に参加したものの落札していない事業者も独占禁止法違反に問われるのですか。

A

　入札談合に参加した事業者は、落札していなくとも独占禁止法に基づく排除措置命令の対象となるほか、建設業者である場合には建設業法に基づく監督処分、発注機関による入札参加停止、栄典の停止、場合によっては刑事罰の対象となります。

　ただし、違反行為期間中の受注実績がない事業者は、課徴金を徴収されることはありません。

入札談合に参加していれば落札してもしなくても様々な処分、ペナルティを受けます。

45

（入札ガイドラインの目的、概要）

Q 3-9 入札ガイドラインの目的及び概要を教えてください。

A

　公正取引委員会は、入札談合の未然防止を図るため、平成6年7月、「入札ガイドライン（公共的な入札に係る事業者及び事業者団体の活動に関する独占禁止法上の指針）」を作成・公表しています。

　入札ガイドラインは、事業者及び事業者団体による入札談合事件が数多く発生している状況を踏まえて、国、地方公共団体等が行う入札に関する事業者及び事業者団体のどのような活動が独占禁止法上問題になるかについて、具体例を挙げながら明らかにすることによって入札談合の防止を図るとともに、事業者及び事業者団体の適正な活動に役立てるために、その考え方を示したものです。

　入札ガイドラインの対象となる入札の範囲は、発注者としては、国及び地方公共団体のほか、これらに準ずる者（特殊法人、地方公社、外国政府機関、国際機関等）が含まれ、発注方法としては、これらの者が法令等に基づいて行う入札のほか、これらの発注者が随意契約の際に行う競争見積り合わせも含まれます。

　入札ガイドラインのポイントは、公正取引委員会の法運用の経験に基づいて、事業者及び事業者団体の入札に関連した実際の活動に即して、独占禁止法との関係について基本的な考え方を示すとともに、主要な活動類型（受注者の選定に関する行為、入札価格に関する行為、受注数量等に関する行為、情報の収集・提供、経営指導等）ごとに、「原則として違反となるもの」、「違反となるおそれがあるもの」及び「原則として違反とならないもの」を参考例として示していることです。

　なお、この参考例に付された具体例は、参考例の行為や問題点の理解に資するためのものであり、具体的な行為が違反か否かについては、個々の事案ごとに判断されることになります。

Ⅰ　独占禁止法　3　入札談合

他の事業者と連絡調整などを行うことなく独自に情報を収集するのはOKです。

事業者同士で受注意欲などを情報交換するのは、受注予定者の決定につながりがちであり、極めて問題です。

（会合で談合の話が出たときに採るべき対応）

Q 3-10 事業者間の会合で談合の話が出た場合にはどのように対応すれば良いのですか。

A

　入札談合に類する話が出た席で、黙って聞いていたとすれば暗黙の了解をし、その談合に参加したとみられるおそれがあります。このようなことを避けるためには、その会合の場で、「このような話をすることは独占禁止法上問題があるのでやめましょう。」と発言して、受け入れられないときには退席してください。できることなら、退席する際に会合の主催者に対し、あなたが退席した経緯を記録に残してくれるよう申し入れ、帰社後はその旨を上司に報告し、一連の経緯を上司とともに営業日誌等に記録しておくことが賢

> 談合の話でしたら私は失礼します

業界の会合で入札談合の話が出たときには、退席する勇気が会社を守ります。

48

明です。

　なぜなら、後日、公正取引委員会から調査を受けた際に、このような話合いの場に同席していたことについて、「初めから談合に参加する考えはなかった」とか、「談合には反対だと発言をした」などと抗弁するだけでは、談合に参加していたとの疑いを払拭できないからです。

　なお、会合に出席する際には、事前に会合の目的を確認して、談合のための話合いに発展しそうな場合には出席を見合わせることが必要です。

　また、業界の公式行事、勉強会や新年会等の懇親会であっても、共通の事業に係る話題から談合に発展する危険性がありますので注意する必要があります。

(JV編成目的の情報交換時の注意点)

Q3-11 JVを編成する相手企業を決める場合に行う情報交換については、どのような点に注意する必要があるのですか。

A

　JVは、もともと競争関係にある事業者同士がJVを組み、他のJV等との競争入札に参加することになります。このため、まず、JV結成の相手方を決める必要があり、そのために相手方となる可能性のある事業者との間で、相手方選定のために必要な情報を個別に収集するとか、JVの結成条件について情報交換することは、原則として独占禁止法に違反するおそれはありません（入札ガイドライン　参考例4-9）。

　しかし、例えば、予備指名された同一グループ内の他の企業のように、JVを組む相手方となる可能性のない事業者とJVの組合せについて情報交

I 独占禁止法　3　入札談合

換することは、受注予定者決定のための情報交換に転化するおそれがあるとされています（同上　参考例1－3、4－2）。

　また、JVによる入札に参加する事業者間で、組合せ会を開くなどして、どのような事業者の組合せによるJVを結成するのかについて情報交換することも同じく違反となるおそれがあります。

> おたくはうちとJV組めますか？

> 大丈夫です…で出資率はどうします？

相手方となる可能性のある事業者から、相手方選定のために必要な情報をとったり、JVの結成条件について意見交換するのはOKです。

（JVが入札談合した際には全出資企業が責任を問われる）

Q 3-12 JVによる入札について、談合に参加していたのは各JVの代表企業だけであった場合でもJVの他の企業は談合の責任を免れないのですか。

A

　JVが入札に参加する場合にはJVが事業者と見做されることから、他のJVを構成する事業者と談合したのはJVの代表企業だけであり、自社はJVの一構成員であり談合に参加していないにしても、JV自体が独占禁止法違反となりますので、結果的には、自社も入札談合の責めを負うことになります。

（応札業者が1社なら、談合の疑いはないか）

Q 3-13 指名業者の多くが施工技術上の問題があるとの理由で入札を辞退し、応札業者が1社になった場合にも入札談合の疑いがありますか。

A

　辞退した理由が事実であれば、応札業者が、結果として1社になったとしても、直ちに入札談合として問題になることはありません。

　しかし、発注機関は、通常、入札参加資格登録申請書等に記載された過去の施工工事の実績等を考慮して指名業者を選定しているものと考えられ、指名業者の多くが施工技術上の問題を理由として入札を辞退することは不自然であるほか、入札参加業者が談合した結果、受注予定者以外の事業者が入札を辞退することによって受注予定者が受注できるように協力するケースもあることから、入札談合の疑いを払拭することは困難であると考えられます。

(域外業者参入阻止のための原価割れ価格による落札は問題か)

Q 3-14 ある発注機関の入札に際して、他地区の事業者の参入を阻止するために、地元業者全員が結束して対抗することになり、地元業者が原価を下回る価格で受注した場合、独占禁止法上どのような問題がありますか。

A

　地元業者によるこのような対応の背景には、地元業者が入札談合を行っている疑いがあります。入札談合は、独占禁止法3条後段で禁止している「不当な取引制限」に当たる行為であり、競争入札の制度を否定する行為でもあります。

　また、地元業者の落札価格が入札物件の原価を下回る価格であることから、不当廉売に当たる疑いがありますが、建設業者による不当廉売については、公正取引委員会が、平成16年9月15日に公表した「公共建設工事の不当廉売の考え方」に基づいて判断することになります（Q4－4参照）。

　なお、平成22年1月以降、法定不当廉売（Q4－3参照）を行った者が、調査開始日からさかのぼり10年以内に課徴金納付命令、審決等を受けたことがある者であるときは、課徴金納付命令を受けることになりましたが、平成22年末現在、このような措置を受けたことがある建設業者はおりません。

　さらに、他地区の事業者とその取引の相手方である発注機関との取引契約の成立を阻止する方法で、その取引を不当に妨害している疑いもあります。

I　独占禁止法　3　入札談合

(発注機関による優先的発注や分割発注の問題点)

Q 3-15　発注機関による地元業者への優先的発注や分割発注は何か問題がありますか。

A

　地域要件の設定や分割発注は、地元の状況を踏まえた円滑な施工の期待、地域経済の活性化、雇用の確保等の観点から行われるものと考えられます。また、政府は「官公需についての中小企業者の受注の確保に関する法律」に基づいて、中小企業の受注の機会を増やすよう求めています。

　しかしながら、地元業者に優先的に発注するための行き過ぎた地域要件の設定や過度の分割発注により、建設業法で禁止されている一括下請（丸投げ）を誘発・助長することがあるほか、入札参加業者のいずれもが地元業者であることから受注調整が容易になるため、入札談合を誘発・助長するおそれがあります。

　発注機関は、行き過ぎた地域要件の設定、過度の分割発注により、入札に参加する事業者を固定化し、入札談合を誘発・助長することを防止するため、次のような対応が求められています。

(1)　地域要件を満たす建設業者のうち、入札対象工事を適切に施工する能力のある者が極く僅かとなる場合には、入札対象工事の難易度、入札に参加させる建設業者の施工能力等を十分に勘案し、地域要件を削除又は緩和すること。

(2)　施工の合理性に反する分割発注は、一括下請負や入札談合を誘発・助長することになりやすいことから、分割発注に当たっては、工程面等から見て分割発注が適切か否か十分検討の上で行うこと。

（入札前の情報交換の相手が1社でも問題になるか）

Q 3-16 入札に参加する前に情報交換した相手は同じ入札に参加する他の事業者のうち1名だけであったとしても独占禁止法上問題になるのでしょうか。

A

　独占禁止法は、事業者に対して価格、品質、サービス等を独自に決定して取引することを求めており、入札参加業者が他の事業者と情報交換し、あらかじめ、受注予定者等を決定の上、入札に参加することを禁止しています。

　入札参加業者による情報交換は、関係事業者が一堂に会して行われるケース、幹事役や調整役等の事業者を介して行われるケースなど様々ありますが、入札参加業者間において受注予定者を決定し、他の事業者は受注予定者が受注できるように協力する行為は独占禁止法で禁止している「不当な取引制限」に該当します。

　したがって、個々の事業者が入札前に情報交換したのは他の事業者のうち1名だけだったとしても、全体として見れば、入札参加業者が受注予定者を決定し入札に参加していると認められる場合には、入札談合に当たり独占禁止法に違反します。

（入札談合事件等の時効（除斥期間））

Q 3-17 入札談合等の独占禁止法違反事件には時効（除斥期間）があるのでしょうか。

A

　独占禁止法には時効と呼ばれる制度はありません。しかし、入札談合のように独占禁止法違反行為を行っていた事業者又は事業者団体が、公正取引委員会が調査を開始する前に違反行為をやめており、その日から一定期間が経過している場合には、公正取引委員会は排除措置命令や課徴金納付命令の措置を採ることができない旨規定されています（7条2項、7条の2第1項）。この期間は「除斥期間」と呼ばれていますが、平成21年6月3日に成立し平成22年1月1日から施行された独占禁止法改正法では、従来の3年から5年に延長されています。

　この除斥期間が5年に延長された理由は、次のとおりです。
(1)　公正取引委員会が事業者からの申告に基づいて調査を開始した事案の中には、除斥期間の3年を経過しているために排除措置や課徴金の納付を命じることができないケースが少なくなかったこと。
(2)　欧米においても課徴金減免制度と類似の制度が既に導入されており、国際カルテル等について日本を含む複数の競争当局に情報提供が行われる事案の増加が見込まれていますが、米国の時効は5年、EUの時効は調査開始まで5年、調査開始からさらに5年で、他国において法的措置が採られた事案について日本が法的措置を採れない事態を回避する必要があること。

(最近の入札談合事件の事例)

Q 3-18 最近の入札談合事件の事例を教えてください。

A

　平成20年4月以降に、公正取引委員会から排除措置命令を受けた建設談合事件は、次のとおりです。
1　札幌市の下水処理施設の電気設備工事業者に対する件
　(1)　排除措置命令の名宛人
　　　札幌市発注下水処理施設の電気設備工事の入札に参加していた10社のうち、平成15年10月1日の会社分割以降、電気工事業を営んでいない1社及び公正取引委員会の調査開始以前に最初に課徴金減免申請を行った1社を除く8社。
　(2)　違反行為の概要
　　　10社は、遅くとも平成15年4月1日以降、札幌市が一般競争入札又は公募型指名競争入札の方法により発注する特定電気設備工事について、受注価格の低落防止を図るため、いわゆる入札談合を行い、発注工事のほとんどすべてを受注していた。
　(3)　違反行為の取りやめ
　　　10社は、平成17年12月15日、他の電気設備工事に関して、他社の従業員が競売入札妨害罪で略式命令を受けたことから、同日以降、入札談合を取りやめた。
　(4)　法的措置
　　　公正取引委員会は、平成20年6月20日、審査を開始し、同年10月29日、重電メーカー8社に対し、いわゆる入札談合行為を排除し、以後、違反行為を繰り返さないようにさせるために必要な措置を採ることを命じるとともに、総額4億2530万円の課徴金の納付を命じた。
　(5)　入札談合等関与行為の概要
　　　札幌市下水道局建設部長又は同局建設部施設建設課長等の職にあった

者は、遅くとも平成15年4月1日以降、札幌市発注の特定電気設備工事のほとんどすべてについて、入札前に、落札予定者についての意向を落札予定者に示していた。
  (6) 札幌市に対する改善措置要求
    公正取引委員会は、札幌市職員による入札談合等関与行為が認められたことから、平成20年10月29日、官製談合防止法に基づき、札幌市長に対し改善措置要求を行った。
2 川崎市発注の下水管きょ工事業者に対する件
  (1) 排除措置命令の名宛人
    川崎市発注の下水管きょ工事の入札に参加していた24社のうち、平成21年1月に建設業の許可を取り消された1社を除く23社。
  (2) 違反行為の概要
    24社は、遅くとも平成20年3月1日以降、川崎市が一般競争入札の方法により発注する特定下水管きょ工事について、受注価格の低落防止を図るため、いわゆる談合を行い、発注工事の大部分を受注していた。
  (3) 違反行為の取りやめ
    平成21年2月13日に、川崎市は、23社の間で低価格による入札を行う者と認識されていた川崎市内に本店を置く事業者を平成21年度から新たに下水管きょ工事についてAの等級に格付する旨を公表した。このため、23社は、従来の方法により談合することが困難になると認識していたが、平成21年4月1日に前同事業者が新たに特定下水管きょ工事についてAの等級に格付され、同工事の入札に参加することができるようになったこと等から、同日以降、入札談合を取りやめた。
  (4) 法的措置
    公正取引委員会は、平成21年7月21日、審査を開始し、平成22年4月9日、23社に対し、以後、入札談合行為を排除し、違反行為を繰り返させないようにするために必要な措置を採ることを命じるとともに、総額1億3072万円の課徴金の納付を命じた。
3 青森市発注の建設工事業者に対する件
  (1) 排除措置命令の名宛人

青森市発注の土木一式工事の入札に参加していた市内Ａ等級業者34社のうち、平成22年３月25日に解散決議を行い、清算手続中の２社、平成18年４月１日以降、青森市からＢの等級に格付されていた２社、破産手続開始決定を受けた３社を除く27社。
(2) 関連事実

　本件の対象工事等は、青森市が、指名競争入札の方法により土木一式工事として発注する工事であって、市内Ａ等級業者のみを構成員とする特定建設工事共同企業体のみを入札の参加者として指名するものである。
(3) 違反行為の概要

　34社は、遅くとも平成17年４月１日以降、青森市が競争入札の方法により発注する特定土木一式工事について、受注価格の低落防止及び受注機会の均等化を図るため、いわゆる入札談合を行い、発注工事のほとんどすべてを受注していた。
(4) 違反行為の取りやめ

　34社のうち29社は、平成21年６月23日、公正取引委員会が独占禁止法に基づいて立入検査を行ったところ、同日以降、いわゆる入札談合を取りやめている。
(5) 法的措置

　公正取引委員会は、平成22年４月22日、27社に対し、以後、いわゆる入札談合行為を排除し、以後、違反行為を繰り返さないようにさせるために必要な措置を採ることを命じるとともに、27社及び清算手続中の１社の計28社に対し、総額２億9789万円の課徴金の納付を命じた。
(6) 入札談合等関与行為の概要

　青森市特別理事（自治体経営監）の職にあった者（以下「自治体経営監」という。）は、平成18年４月、青森市発注の特定土木一式工事について、特定の事業者の役員から受注予定者の決定を円滑に行うために３つのグループに分けた指名業者の組合せ案を提示され、以後これに従って入札参加者を指名するよう要請された。

　元自治体経営監は、入札参加者間で受注調整が行われていることを知

りながら、市内Ａ等級業者間で協調できるようにするため、同市の総務部契約課に対して指名業者の組合せを同要請に沿った３グループにするよう指示し、平成18年４月以降、概ね、同課をして３グループでの指名業者の組合せを維持させていた。
(7) 青森市に対する改善措置要求

公正取引委員会は、青森市職員による前記行為は、入札談合等関与行為（入札談合の幇助）と認められたことから、平成22年４月22日、官製談合防止法に基づき、青森市長に対し改善措置要求を行った。

4　鹿児島県発注の海上工事業者に対する件
(1) 排除措置命令の名宛人

鹿児島県発注の海上工事の一般競争入札若しくは指名競争入札又は見積り合わせに参加していた建設業者31社

【注１】：海上工事とは、土木一式工事又はしゅんせつ工事として発注され、その全部又は一部について、作業船を使用して施工することとされている工事。

【注２】：平成21年11月２日、新設分割により設立した事業者に建設業に関する事業の全部を承継させ、以後、建設業を営んでいない事業者については、排除措置命令の対処から除外し、事業の全部を承継した事業者については、違反行為者ではないが、違反行為に係る事業を承継した者として、排除措置命令の対象とされている。

(2) 違反行為の概要

31社は、遅くとも平成18年４月１日以降、鹿児島県発注の特定海上工事について、受注価格の低落防止等を図るため、いわゆる入札談合を行い、その大部分を受注していた。

(3) 法的措置

公正取引委員会は、平成22年11月９日、31社に対し、いわゆる入札談合行為を排除し、以後、違反行為を繰り返さないために必要な措置を採ることを命じるとともに、31社のうち27社に対し、総額14億4054万円の課徴金の納付を命じた。

4　不公正な取引方法

(不公正な取引方法の禁止の趣旨)

Q 4-1 不公正な取引方法を禁止する趣旨は何ですか。

A

　独占禁止法は、私的独占の禁止及び不当な取引制限の禁止（3条）とともに、不公正な取引方法（19条）を禁止しています。

　「私的独占の禁止」及び「不当な取引制限の禁止」は、特定の事業者又は事業者の集団による市場支配力の形成、維持又は強化のための各種の行為を排除し、市場における有効な競争を確保しようとするもので、行為の態様は比較的定型化されています。

　これに対し、「不公正な取引方法の禁止」は、自由競争の過程で用いられる各種の競争阻害的な行為を排除し、競争を公正かつ自由なものに秩序付けることによって競争条件を整備しようとするもので、事業者の日常の取引活動と密接に関連する多様な行為が規制の対象とされています。

　不公正な取引方法の禁止は、公正な競争秩序を形成するための基本的なルールを定めるものであるため、19条で禁止されているほか、次のような禁止規定があります。

① 事業者団体が事業者に不公正な取引方法に該当する行為をさせるようにすること（8条5号）
② 事業者が不公正な取引方法に該当する事項を内容とする国際的協定又は国際的契約を締結すること（6条）
③ 不公正な取引方法により株式の取得又は所有すること（10条、14条）
④ 不公正な取引方法により役員を兼任すること（13条）
⑤ 不公正な取引方法により合併・事業の譲受等をすること（15条、16条）

Ⅰ　独占禁止法　4　不公正な取引方法

不公正な取引方法はいわば反則です。

(不公正な取引方法とは何か、違反時の処分・ペナルティ)

Q 4-2 不公正な取引方法とはどのような行為を指すのでしょうか。また、不公正な取引方法を用いて独占禁止法に違反した場合、どのような処分やペナルティが課されるのでしょうか。

A

　不公正な取引方法とは、独占禁止法2条9項1号乃至5号に規定されている5つ（①共同の取引拒絶、②差別対価、③不当廉売、④再販売価格の拘束、⑤優越的地位の濫用）の行為類型ほか、同法2条9項6号に該当する行為のうち、公正な競争を阻害するおそれがあるものとして、公正取引委員会が指定するものをいいます。

　独占禁止法2条9項6号に列挙されている行為類型は、次表の6類型ですが、これらに該当する行為であって、公正な競争を阻害するおそれのあるものについて、公正取引委員会は、あらゆる業種に一般的に適用される不公正な取引方法（以下「一般指定」という。）のほか、特定の業種又は分野にのみ適用される不公正な取引方法（以下「特殊指定」という。）を指定しています。

　なお、建設業とその関連業界に適用される特殊指定はなく、独占禁止法2条9項1号乃至5号及び一般指定が適用されます。

　一般指定は、次表のとおり全部で15の行為類型があります。

【法定及び一般指定】

法　定 (独占禁止法2条9項1号〜5号)	独占禁止法2条9項6号の類型	一　般　指　定
1　共同の取引拒絶（ボイコット） 2　差別対価	イ　不当な差別的取扱い	1　共同の取引拒絶（ボイコット） 2　その他の取引拒絶 3　差別対価 4　取引条件などの差別取扱い 5　事業者団体における差別取扱い

3 不当廉売	ロ 不当対価	6 不当廉売 7 不当高価購入
	ハ 顧客の不当奪取	8 ぎまん的顧客誘引 9 不当な利益による顧客誘引 10 抱き合わせ販売等
4 再販売価格の拘束	ニ 事業活動の不当拘束	11 排他条件付取引 12 拘束条件付取引
5 優越的地位の濫用	ホ 取引上の地位の不当利用	13 取引の相手方の役員選任への不当干渉
	ヘ 競争事業者に対する事業活動の不当妨害	14 競争者に対する取引妨害 15 競争会社に対する内部干渉

　不公正な取引方法の規制に違反したときには、入札談合等の不当な取引制限に違反した場合と同じく、排除措置命令、損害賠償請求などの対象となりますが、特に、独占禁止法2条9項1号乃至5号の規定に違反し、一定の条件を満たす場合には課徴金の納付を命じられます。

　なお、特殊指定には、「新聞業における特定の不公正な取引方法」、「大規模小売業者による納入業者との取引における不公正な取引方法」と「特定荷主が物品の運送又は保管を委託する場合の特定の不公正な取引方法」があります。

（不当廉売とは何か、法的措置を受けた事例）

Q 4-3 不当廉売として規制されるのはどのような行為ですか。公正取引委員会では不当廉売の規定をどのように運用しているのですか。

A

　本来、事業者が商品やサービスを安い価格で供給することは、自由であり、国民経済の観点からも望ましいことです。しかし、商品やサービスを、その原価を著しく下回った安い価格で、継続して供給した場合には、競争事業者の事業活動の継続を困難にすることになります。このような行為は、公正な競争を行わずに競争事業者の市場からの排除、あるいは新規参入の阻止を目的としていることが多く、競争事業者の事業活動を困難にさせる場合には、不当廉売として独占禁止法上問題になります。

　独占禁止法が禁止している不当廉売は、①「正当な理由がないのに商品又は役務をその供給に要する費用を著しく下回る対価で継続して供給することであって、他の事業者の事業活動を困難にさせるおそれがある」（2条9項3号）行為（以下「法定不当廉売」という。）及び②その他不当に商品又は役務を低い対価で供給し、他の事業者の事業活動を困難にさせるおそれがある」（一般指定6項）行為です。このうち、平成22年1月以降、不当廉売を行った事業者が、調査開始日からさかのぼり10年以内に課徴金納付命令、審決等を受けたことがある者であるときは、課徴金納付命令を受けます。

　なお、不当廉売には法定不当廉売のほか、一般指定6項に規定されている不当廉売がありますが、法定不当廉売の要件である価格・費用基準及び継続性のいずれか又は両方が満たされない場合、即ち、廉売行為者が可変的性質を持つ費用以上の価格（総販売価格を下回ることが前提）で供給する場合や可変的性質を持つ費用を下回る価格で単発的に供給する場合であっても、廉売対象商品の特性、廉売行為者の意図・目的、廉売の効果、市場全体の状況からみて公正な競争秩序に悪影響を与える場合には、一般指定6項の規定に違反し、不当廉売として規制されます。

I 独占禁止法　4　不公正な取引方法

　不当廉売は、企業の効率的な経営によって達成された低価格で商品等を供給するのではなく、採算を度外視した低価格によって顧客を獲得し、それにより自らと同等又はそれ以上に効率的な事業者の事業活動を困難にさせるおそれがある行為であり、特に周辺の中小事業者に対する影響が大きいと言われています。このため、公正取引委員会は、従来、牛乳、酒類、ガソリン等の廉売については、迅速に対応してきています。

　不当廉売で、これまでに法的措置（審決又は排除措置命令）を受けた事例は、次のとおりです。

(1) ㈱中部読売新聞社による日刊紙の不当廉売事件（昭和52年11月審決）
(2) ㈱マルエツと㈱ハローマートの2社による牛乳の不当廉売事件（昭和57年5月審決）
(3) ㈱濱口石油による普通揮発油の不当廉売事件（平成18年5月排除措置命令）
(4) ㈱シンエネコーポレーションによる普通揮発油の不当廉売事件（平成19年11月排除措置命令）
(5) ㈱東日本宇佐美による普通揮発油の不当廉売事件（平成19年11月排除措置命令）

不当廉売は独禁法上問題となります。

(公共建設工事等のダンピング（不当廉売）とは）

Q4-4 公共建設工事等のダンピング受注問題について、公正取引委員会はどのように対応しているのですか。

A

　近年、国や都道府県が発注する建設工事等の入札において、入札予定価格を大きく下回る価格で落札する事例が少なからず発生している模様ですが、公正取引委員会にその情報が寄せられるケースは少ないようです。

　このため、公正取引委員会は、公共建設工事と設計コンサルタント業務等に関して、国土交通省、農林水産省、各都道府県及び各政令指定都市から、低入札価格調査制度に基づき調査対象となった事案等について情報提供を受けて調査を行い、不当廉売の規定に違反するおそれがあると認められたものについては、今後、同様の行為を行わないように警告を行っています。

　また、警告事案は、事業者名も含めて公表されており、企業イメージを損なうことになりかねませんので、そのようなことにならないよう注意する必要があります。

　なお、公正取引委員会は、平成16年9月15日に、次のような「公共建設工事における不当廉売の考え方」を公表しており、この考えに基づいて事案処理を行っているものと考えられます。

① 独占禁止法が禁止する不当廉売の価格要件のうち「供給に要する費用」とは、通常、総販売原価と考えられており、公共建設工事においては、「工事原価＋一般管理費」がこれに該当するものと考えられる。また、「供給に要する費用を著しく下回る対価」かどうかについては、落札価格が実行予算上の「工事原価（直接工事費）＋共通仮設費＋現場管理費）」を下回る価格であるかどうかが一つの基準になる。

② 不当廉売の影響要件については、安値応札を行っている事業者の市場における地位、安値応札の頻度、安値の程度、波及性、安値応札によって影響を受ける事業者の規模等を個別に考慮し、判断することになる。

Ⅰ　独占禁止法　4　不公正な取引方法

公共建設工事等における不当廉売に係る警告事例

警告年月日	事件名	内　　　容
H16・4・28	M商会に対する件	長野県が発注した建設工事について、供給に要する費用を著しく下回る価格で繰り返し受注し、競争事業者の事業活動を困難にさせるおそれを生じさせた疑い
H16・4・28	Yエンジニヤリングに対する件	岩国市が発注したし尿処理施設の設計業務について、供給に要する費用を著しく下回る価格で繰り返し受注し、競争事業者の事業活動を困難にさせるおそれを生じさせた疑い
H16・4・15	I建設に対する件	国土交通省関東地方整備局宇都宮国道事務所、栃木県及び今市市が発注した建設工事について、供給に要する費用を著しく下回る価格で繰り返し受注し、競争事業者の事業活動を困難にさせるおそれを生じさせた疑い
H19・6・26	T建設に対する件	国土交通省北海道開発局が発注した建設工事について、同社が代表者となった共同企業体において、不当に低い価格で受注し、他の建設業者の事業活動を困難にさせるおそれを生じさせた疑い
H19・6・26	O組に対する件	同　　　上
H19・6・26	H組に対する件	千葉市が発注した建設工事について、同社が代表者となった共同企業体において、不当に低い価格で受注し、他の建設業者の事業活動を困難にさせるおそれを生じさせた疑い
H19・6・26	M建設に対する件	横浜市が発注した建設工事について、単独で又は同社が代表者となった共同企業体において、供給に要する費用を著しく下回る価格で繰り返し受注し、又は不当に低い価格で受注し、他の建設業者の事業活動を困難にさせるおそれを生じさせた疑い
H19・6・26	M組に対する件	宮城県が発注した建設工事について、供給に要する費用を著しく下回る価格で繰り返し受注し、他の建設業者の事業活動を困難にさせるおそれを生じさせた疑い
H20・7・8	O組に対する件	農林水産省北陸農政局が発注した建設工事について、繰り返し不当に低い価格で受注し、また、富山県が発注した建設工事について、同社が代表者となった共同企業体において、不当に低い価格で受注し、それぞれ他の建設業者の事業活動を困難にさせるおそれを生じさせた疑い
H20・7・8	O社に対する件	国土交通省中国地方整備局、同省九州地方整備局、愛知県及び三重県が発注した建設工事について、それぞれ供給に要する費用を著しく下回る価格で繰り返し受注し、他の建設業者の事業活動を困難にさせるおそれを生じさせた疑い
H20・7・8	T建設に対する件	大阪府が発注した建設工事について、同社が代表者となった共同企業体において、供給に要する費用を著しく下回る価格で繰り返し受注し、他の建設業者の事業活動を困難にさせるおそれを生じさせた疑い

（業界団体の構成員に対する安値受注自粛の要請は問題か）

Q 4-5 事業者団体が、構成事業者に対して、安値受注の自粛要請をすることは問題がありますか。

A

　自粛要請が不当廉売の考え方の啓蒙の範囲に留まれば問題ありませんが、過去の例を見た場合、事業者団体から構成事業者に対する「安値受注の自粛要請」が、いわゆる「談合破り」に対する警告として用いられたほか、「入札談合への協力要請」に転化するなど、競争制限行為に結び付いたケースがあります。

　したがって、個々の構成事業者の事業活動を制限することにならないように十分注意する必要があります。

(共同の取引拒絶とは（建設業関係））

Q4-6 どのような行為が共同の取引拒絶（共同ボイコット）に当たるのでしょうか。

A

　共同の取引拒絶とは、正当な理由がないのに、競争関係にある事業者が共同して、①特定の事業者との取引を拒絶又は制限すること、又は②競争関係にある事業者が、共同して、他の事業者に特定の事業者との取引を拒絶又は制限させることです。取引を拒絶する相手方の事業者が継続的な取引関係にあった場合だけではなく、従来、全く取引関係がなく新規の取引申込みを行った事業者である場合にも共同の取引拒絶の問題が生じます。

　共同の取引拒絶は、競争業者が歩調を合わせて特定の事業者との取引を拒絶する行為であることから、拒絶された事業者が市場から締め出されるおそれの強い行為です。ただし、拒絶された事業者が替わりの取引先を容易に見出すことができる場合には拒絶行為には実効性がなく、共同の取引拒絶には該当しません。

　平成22年1月以降、共同の取引拒絶を行った事業者が、調査開始日からさかのぼり10年以内に共同の取引拒絶を行ったとして課徴金納付命令、審決等を受けたことがある者であるときは、課徴金納付命令を受けます（算定率は、Q1-8参照）。

　建設業者に係る共同の取引拒絶としては、①特殊工法による施工業者で構成される事業者団体の会員である複数の建設業者が、共同して、非会員に対し、同工法による工事専用の機械の貸与及び転売を拒絶するケース、②一定の地域で販売されている建設資材の大半を購入している複数の有力な建設業者が、資材販売業者に指示して新規参入の建設業者に対する資材の販売を拒絶させるケースなどが想定されます。

> **一口メモ**
>
> 共同の取引拒絶は、共同ボイコットとも呼ばれていますが、ボイコットは人の名前が語源となっています。1880年にアイルランドで、土地管理人であったチャールズ・カニンガム・ボイコット（元英国陸軍大尉）が、地代の値上げに反発した小作人達の組織的な排斥運動の標的にされ、命からがらイングランドに逃げ帰った事件があり、以来、集団的絶交行為がボイコットと呼ばれるようになったようです。

共同ボイコットは「不公正な取引方法」として原則違法です。

(単独の取引拒絶とは（建設業関係））

Q4-7 どのような行為が単独の取引拒絶に当たるのでしょうか。

A

　事業者には取引先選択の自由があり、事業者が誰と取引してもしなくとも基本的に独占禁止法上問題になることはありませんが、取引を拒絶した場合にはその意図・目的によって問題になることがあります。

　即ち、①自社の競争業者又は自社と密接な関係にある事業者の競争業者の取引の機会を奪うことによって、その事業活動を困難にさせるおそれがある場合、②独占禁止法上違法又は不当な目的を達成するための手段として取引を拒絶する場合、③有力な事業者が、取引の相手方の事業活動を困難に陥らせること以外に格別の理由がなく、取引を拒絶する場合などには、「単独の取引拒絶」として独占禁止法上問題になります。

　建設業者に係る単独の取引拒絶としては、有力な元請業者が継続的取引関係があった下請業者が自社の斡旋する建設資材の購入に応じないことを理由として、その下請業者に対し、下請工事の発注を中止するケース、建設資材の販売業者に圧力をかけて、談合破りで落札した建設業者に対する資材の供給を拒絶させるケース等が想定されます。

(優越的地位の濫用とは（建設業関係）)

Q4-8 建設業者による「優越的地位の濫用」とはどのような行為でしょうか。

A

　優越的地位の濫用は、独占禁止法で禁止している「不公正な取引方法」の行為類型の１つであり、「自己の取引上の地位が相手方に優越していることを利用して、継続して取引する相手方に対して、正常な商習慣に照らして不当に押付け販売、協賛金負担の要請、従業員の無償派遣要請、商品の受領拒否、返品、値引きを行うなど、経済的に不利益となる条件で相手方と取引することであり、平成22年１月以降優越的地位の濫用行為を行った事業者は課徴金納付命令を受けることになりました（算定率はＱ１－８参照）。

　優越的地位の濫用は、優越的地位にある事業者がその地位を利用して、相手方の事業活動上の自主性を抑圧し、本来、対等の取引関係にあれば受忍することがないような不利な条件での取引の強要が行われないよう規制するものです。

　また、優越的地位とは、市場において支配力を有する絶対的な優位性ではなく、相手方に不当に不利益を課すことができる取引上の相対的な優越性があれば足りると解されています。

優越的地位を濫用すると独禁法上問題となります。

Ⅰ 独占禁止法　4　不公正な取引方法

　これまでに優越的地位の濫用により法的措置を受けた事例には、百貨店、大型量販店、ホームセンター、家庭電気製品の量販店、コンビニエンスストアのフランチャイザーに係るもの等がありますが、独占禁止法改正法が施行された平成22年1月以降、優越的地位の濫用に違反した事業者は、課徴金を徴収されることになりましたので、建設業者も押付け販売、協賛金の負担要請、従業員の（無償の）派遣要請などを行わないように注意する必要があります。

　建設業法は、①下請工事が完成した旨の通知を受けた日から20日以内の完成確認検査を完了しないこと、②工事完成確認後、下請業者の申出に応じて、直ちに工事の目的物の引渡しを受けないこと、③元請が代金の支払いを受けた日から1か月以内に、相応の下請代金を支払わないこと、④特定建設業者が割引困難な手形を交付すること、⑤原価未満の請負代金で下請させること、⑥下請代金を減額すること等々を禁止しています。

　建設業法には、国土交通大臣又は都道府県知事から公正取引委員会に対して措置請求を行う制度（42条1項）がありますが、これは建設業法違反の事実があり、その事実が独占禁止法上の不公正な取引方法（優越的地位の濫用）の規定に違反していると認める場合には、同法に基づいて適切な措置を採ることを求める制度です。

　なお、この措置請求の制度は、昭和46年の建設業法の改正によって設けられましたが、これまでのところ、措置請求に係る前例はありません。

下請契約の締結後、資材の納入業者などを指定して下請業者の利益を害すると、建設業法や独禁法上問題となります。

(「建設業の下請取引に関する不公正な取引方法の認定基準」とは)

Q 4-9 「建設業の下請取引に関する不公正な取引方法の認定基準」とはどのようなものですか。

A

　従来、公正取引委員会は、独占禁止法の補完法である下請代金支払遅延等防止法（以下「下請法」という。）に基づいて、下請代金の支払遅延等を防止するための措置を講じていましたが、土木・建築の取引は下請法の適用対象外であるため、建設業の下請取引について問題が発生した場合には、独占禁止法の「不公正な取引方法」に該当するおそれがあるものとして、ケース・バイケースで行政指導を行っていました。

　建設業における下請取引の規制については、第48回国会（昭和40年）の衆議院商工委員会において、「下請取引の範囲の拡張については、現在の製造委託、修理委託に限らず、運搬、土建等もその実態に即して適用するよう速やかに検討すること」を求める附帯決議があり、その後、公正取引委員会が建設業の下請取引の実態把握に努めた結果、下請取引の規制の必要性が認められました。また、第65回国会（昭和46年）において建設業法が改正され昭和47年4月から施行されて、下請取引に関する元請負人の不当な行為については、建設大臣又は都道府県知事から公正取引委員会に対して措置請求することができるようになりました。

　このため、公正取引委員会が、建設業の下請取引に対する独占禁止法の運用の基準を明確にし、その規制を迅速かつ的確に行う目的で、昭和47年4月1日に公表したのが「建設業の下請取引に関する不公正な取引方法の認定基準」です。

　なお、この認定基準は、建設業法において公正取引委員会に対する措置請求の対象とされた8項目と建設業法には規定はありませんが公正取引委員会が必要と認めた他の2項目の計10項目からなっています。

Ⅰ　独占禁止法　4　不公正な取引方法

建設業の下請取引に関する不公正な取引方法の認定基準

(昭和47年4月1日　公正取引委員会事務局長通達第4号)
(改正　平成13年1月4日　事務総長通達第3号)

　今般、別記のとおり「建設業の下請取引に関する不公正な取引方法の認定基準」を定めたので、今後、建設業における下請代金の支払遅延等に対する独占禁止法の適用については、この認定基準により処理されたい。
　なお、この認定基準の運用にあたっては、別紙の諸点に留意されたい。

記

建設業の下請取引に関する不公正な取引方法の認定基準

　建設業の下請取引において、元請負人が行なう次に掲げる行為は不公正な取引方法に該当するものとして取扱うものとする。
1　下請負人からその請負つた建設工事が完了した旨の通知を受けたときに、正当な理由がないのに、当該通知を受けた日から起算して20日以内に、その完成を確認するための検査を完了しないこと。
2　前記1の検査によつて建設工事の完成を確認した後、下請負人が申し出た場合に、下請契約において定められた工事完成の時期から20日を経過した日以前の一定の日に引渡しを受ける旨の特約がなされているときを除き、正当な理由がないのに、直ちに、当該建設工事の目的物の引渡しを受けないこと。
3　請負代金の出来形部分に対する支払又は工事完成後における支払を受けたときに、当該支払の対象となつた建設工事を施工した下請負人に対して、当該元請負人が支払を受けた金額の出来形に対する割合及び当該下請負人が施工した出来形部分に相応する下請代金を、正当な理由がないのに、当該支払を受けた日から起算して1月以内に支払わないこと。
4　特定建設業者が注文者となつた下請契約（下請契約における請負人が特定建設業者又は資本金額が1,000万円以上の法人であるものを除く。後記5においても同じ。）における下請代金を、正当な理由がないのに、前記2の申し出の日（特約がなされている場合は、その一定の日。）から起算して50日以内に支払わないこと。
5　特定建設業者が注文者となつた下請契約に係る下請代金の支払につき、前記2の申し出の日から起算して50日以内に、一般の金融機関（預金又は貯金の受入れ及び資金の融通を業とするものをいう。）による割引を受けることが困難であると認められる手形を交付することによつて、下請負人の利益を不当に害すること。
6　自己の取引上の地位を不当に利用して、注文した建設工事を施工するために通常必要と認められる原価に満たない金額を請負代金の額とする下請契約を締結すること。
7　下請契約の締結後、正当な理由がないのに、下請代金の額を減ずること。
8　下請契約の締結後、自己の取引上の地位を不当に利用して、注文した建設工事に使用する資材若しくは機械器具又はこれらの購入先を指定し、これらを下請負人に購入させることによつて、その利益を害すること。
9　注文した建設工事に必要な資材を自己から購入させた場合に、正当な理由がないのに、当該資材を用いる建設工事に対する下請代金の支払期日より早い時期に、支払うべき下請代金の額から当該資材の対価の全部若しくは一部を控除し、又は当該資材の対価の全部若しくは一部を支払わせることによつて、下請負人の利益を不当に害すること。
10　元請負人が前記1から9までに掲げる行為をしている場合又は行為をした場合に、下請負人がその事実を公正取引委員会、建設大臣、中小企業庁長官又は都道府県知事に知らせたことを理由として、下請負人に対し、取引の量を減じ、取引を停止し、その他不利益な取扱いをすること。
　　〔備考〕　この認定基準において使用する用語の意義については、次のとおりとする。
　　　1　「建設工事」とは、土木建築に関する工事で建設業法（昭和24年法律第100号）第2条第1項別表の上欄に掲げるものをいう。
　　　2　「建設業」とは、元請、下請その他いかなる名義をもつてするかを問わず、

建設工事の完成を請け負う営業をいう。
3 「下請契約」とは、建設工事を他の者から請け負つた建設業を営む者と他の建設業を営む者との間で当該建設工事の全部又は一部について締結される請負契約をいう。
4 「元請負人」とは、下請契約における注文者である建設業者であつて、その取引上の地位が下請負人に対して優越しているものをいう。
5 「下請負人」とは、下請契約における請負人をいう。
6 「特定建設業者」とは、建設業法第3条第1項第2号に該当するものであつて、同項に規定する許可を受けた者をいう。

〔別紙〕
1 検査期間について
　これは、工事完成後、元請負人が検査を遅延することは、下請負人に必要以上に管理責任を負わせることになるばかりでなく、下請代金の支払遅延の原因ともなるので、工事完成の通知を受けた日から起算して20日以内に確認検査を完了しなければならないこととしたものである。ただし、20日以内に確認検査ができない正当な理由がある場合には適用されない。
　例えば、風水害等不可抗力により検査が遅延する場合、あるいは、下請契約の当事者以外の第三者の検査を要するため、やむを得ず遅延することが明らかに認められる場合等は正当な理由があるといえよう。
2 工事目的物の引取りについて
　これは、確認検査後、下請負人から工事目的物の引渡しを申し出たにもかかわらず、元請負人が引渡しを受けないことは、下請負人に検査後もさらに管理責任を負わせることとなるので、特約がない限り、直ちに引渡しを受けなければならないこととしたものである。ただし、引渡しを受けられない正当な理由がある場合には適用されない。
　例えば、検査完了から引渡し申し出の間において、下請負人の責に帰すべき破損、汚損等が発生し、引渡しを受けられないことが明らかに認められる場合等は正当な理由があるといえよう。
3 注文者から支払を受けた場合の下請代金の支払について
　これは、元請負人が注文者から請負代金の一部または全部を出来形払または竣工払として支払を受けたときは、下請負人に対し、支払を受けた出来形に対する割合および下請負人が施工した出来形部分に応じて、支払を受けた日から起算して1月以内に下請代金を支払わなければならないこととしたものである（元請負人が前払金の支払を受けたときは、その限度において当該前払金が各月の当該工事の出来形部分に対する支払に順次充てられるものとみなす。）。ただし、1月以内に支払うことができない正当な理由がある場合には適用されない。
　例えば、不測の事態が発生したため、支払が遅延することに真にやむを得ないと明らかに認められる理由がある場合等は正当な理由があるといえよう。
　なお、認定基準3の下請負人に対する下請代金の「支払」とは、現金またはこれに準ずる確実な支払手段で支払うことをいう。したがつて、元請負人が手形で支払う場合は、注文者から支払を受けた日から起算して1月以内に、一般の金融機関（預金又は貯金の受入れ及び資金の融通を業とするものをいう。）で割引を受けることができると認められる手形でなければならない。
　また、元請負人が請負代金を一般の金融機関で割引を受けることが困難な手形で受けとつた場合は、その手形が一般の金融機関で割引を受けることができると認められるものとなつたときに支払を受けたものとみなす。
4 特定建設業者の下請代金の支払について
　これは、特定建設業者が元請負人となつた場合の下請負人に対する下請代金は、下請負人から工事目的物の引渡し申し出のあつた日から起算して50日以内に支払わなければならないこととしたものである。ただし、50日以内に支払うことができない正当な理由がある場合には適用されない。

I 独占禁止法 4 不公正な取引方法

　　例えば、不測の事態が発生したため、支払が遅延することに真にやむを得ないと明らかに認められる理由がある場合等は正当な理由があるといえよう。
　　なお、認定基準3との関係は、下請負人に対する下請代金の支払期限が、認定基準3による場合と認定基準四による場合といずれが早く到達するかによつて決まるのであり、認定基準3による方が早くなつた場合には認定基準4は適用されないこととなる。
5　交付手形の制限について
　　これは、特定建設業者が元請負人となつた場合の下請代金の支払につき、手形を交付するときは、その手形は現金による支払と同等の効果を期待できるもの、すなわち、下請負人が工事目的物の引渡しを申し出た日から50日以内に一般の金融機関で割引を受けることができると認められる手形でなければならないこととしたものである。
　　割引を受けられるか否かは、振出人の信用、割引依頼人の信用、手形期間、割引依頼人の割引枠等により判断することとなろう。
6　不当に低い請負代金について
　　これは、元請負人が取引上の地位を不当に利用して、通常必要と認められる原価に満たない金額を請負代金の額とする下請契約を締結してはならないこととしたものである。
　　認定基準6でいう原価は、直接工事費のほか、間接工事費、現場経費および一般管理費は含むが、利益は含まない。
7　不当減額について
　　これは、元請負人は下請契約において下請代金を決定した後に、その代金の額を減じてはならないこととしたものである。これには、下請契約の締結後、元請負人が原価の上昇をともなうような工事内容の変更をしたのに、それに見合つた下請代金の増額をしない等実質的に下請代金の額を減じることとなる場合も含まれる。ただし、下請代金の額を減ずることに正当な理由がある場合には適用されない。
　　例えば、工事目的物の引渡しを受けた後に、瑕疵が判明し、その瑕疵が下請負人の責に帰すべきものであることが明らかに認められる場合等は正当な理由があるといえよう。
8　購入強制について
　　これは、元請負人が取引上の地位を不当に利用して、資材、機械器具またはこれらの購入先を指定し、購入させてはならないこととしたものである。
　　例えば、契約内容からみて、一定の品質の資材を当然必要とするのに、下請負人がこれより劣つた品質の資材を使用しようとしていることが明らかになつたとき、元請負人が一定の品質の資材を指定し、購入させることがやむを得ないと認められる場合等は不当とはいえないであろう。
9　早期決済について
　　これは、元請負人が工事用資材を有償支給した場合に、当該資材の対価を、当該資材を用いる建設工事の下請代金の支払期日より以前に、支払うべき下請代金の額から控除し、または支払わせることは、下請負人の資金繰りないし経営を不当に圧迫するおそれがあるので、当該資材の対価は、当該資材を用いる建設工事の下請代金の支払期日でなければ、支払うべき下請代金の額から控除し、または支払わせてはならないこととしたものである。ただし、早期決済することに正当な理由がある場合には適用されない。
　　例えば、下請負人が有償支給された資材を他の工事に使用したり、あるいは転売してしまつた場合等は正当な理由があるといえよう。
10　報復措置について
　　これは、取引上の地位が元請負人に対して劣つている下請負人が、元請負人の報復措置を恐れて申告できないこととなる事態も考えられるので、元請負人が認定基準に該当する行為をした場合に、下請負人がその事実を公正取引委員会、国土交通大臣、中小企業庁長官または都道府県知事に知らせたことを理由として、下請負人に対し取引停止等の不利益な取扱いをしてはならないこととしたものである。

（拘束条件付取引とは）

Q 4-10 拘束条件付取引として規制されるのはどのような行為ですか。

A

　事業者が、取引の相手方と取引する際に取引方法等について種々の条件を付けて取引することがありますが、取引の相手方の事業活動を不当に又は正当な理由がないのに拘束する条件を付けて取引した場合には、「拘束条件付取引」として独占禁止法19条に違反します。

　拘束条件付取引は、拘束の対象によって、①相手方とその需要者との間の取引を拘束するもの、②相手方とその供給者との間の取引を拘束するもの、③相手方のその他の事業活動を拘束するものに分類されます。

　拘束の形態としては、主に、「価格」、「販売の相手方」、「取引地域」、「販売方法」の拘束に大別されます。このうち、正当な理由がない販売価格の拘束行為は「再販売価格の拘束」（独占禁止法2条9項4号）として、また、他の仕入先との取引を行わないように制限することにより、自己の専売店にしてしまう行為は「排他条件付取引」（一般指定11項）としてそれぞれ規制されており、その他を不当に拘束する行為は、「拘束条件付取引」（一般指定12項）として規制されています。

　不当な拘束条件付取引の事例としては、次の事件があります。

○　姫路市の区域における管工事業者の協同組合に対する件（平成12年5月審決）

　当該協同組合は、姫路市水道局が指定する給水装置工事用資材の購入に当たり、購入先資材業者に対して、当該資材を組合員及び非組合員に直接販売させないようにする等、当該資材販売業者の事業活動を不当に拘束する条件を付けて取引していた。

5 排除措置命令

(排除措置命令とは)

Q 5-1 排除措置命令とはどういうものか教えてください。

A

　排除措置命令は、平成17年に独占禁止法が改正された際に設けられた法的措置であり、公正で自由な競争を回復することを目的として、違反行為の差止め又は違反行為が既になくなっている旨の周知措置など、当該違反行為が排除されたことを確保するための必要な措置のほか、将来再び違反行為を惹き起こさないための予防措置等を命じる行政上の措置です。

　排除措置命令の制度が設けられる以前は、違反行為の排除は審判審決によるのが基本とは言いながら、通常は、独占禁止法の違反事業者に対して違反行為の排除措置を執るよう勧告し、違反事業者が勧告を応諾した場合には勧告と同内容の排除措置を命じる審決（法的措置）を行い、勧告を応諾しない場合には、審判手続（裁判の第一審に相当する手続）を通じて審理した上で、公正取引委員会が法的措置である審判審決（裁判の判決に相当）を行う手続になっておりました。この場合、勧告には法的拘束力はなく、審判が長期に亘った場合でも審判審決（法的措置）が出るまでは違反行為の排除措置が一切採られないという問題があったため、違反行為があると認められた場合には、排除措置命令により即時に違反行為の差止め等ができるようにしたものです。

　排除措置命令には、違反行為を排除するための必要な措置のほか、認定された事実及び法令の適用が記載されており、名宛人に排除措置命令書の謄本を送達することにより効力が生じますが、これに不服がある者は、謄本送達の日から原則として60日以内に審判手続を請求することができ、その請求がなかったときには排除措置命令が確定することになっています。

　なお、公正取引委員会は、審判請求があり必要と認めたときは排除措置命令の全部又は一部の執行を停止できることになっています。

(排除措置命令で命じる内容)

Q 5-2 排除措置命令ではどのようなことが命じられるのでしょうか。

A

　排除措置命令は、独占禁止法に違反する行為を排除するための必要な措置が、「主文」において命じられます。命じられる内容は、事案の概要、事業者の規模等により様々ですが、入札談合事件を例にとれば、違反行為を排除するための必要な措置は、

① 　入札談合をやめること、又はやめたことを確認することなどを取締役会で決議すること
② 　入札談合を担保するための手段を破棄すること、入札談合の実行団体を解散すること
③ 　入札談合をやめた旨を、違反行為者である他の同業者及び発注者に通知すること
④ 　将来同様の行為を行わないこと
⑤ 　排除措置命令に基づいて採った措置を公正取引委員会へ報告すること

などが一般的なものです。
　この他に、違反の予防措置的な観点から独占禁止法遵守に関する指針の作成、違反行為に関与した役員、従業員に対する処分規定の整備、社内通報制度の設置など独占禁止法のコンプライアンス体制整備を求める場合もあります。
　なお、排除措置命令は執行力があり、公正取引委員会の執行停止（54条1項）又は審判に際する供託制度（70条の6第1項）による執行免除を受けずに、同命令に従わなければ過料に処せられます（97条）。

Ⅰ　独占禁止法　5　排除措置命令

排除措置命令の内容（入札談合の場合の例）

① 入札談合をやめなさい、その協定を破棄しなさい。
② 入札談合を守るための手段を破棄しなさい、会合を廃止しなさい、団体を解散しなさい。
③ 入札談合を行わないよう社内で必要な措置（定期的研修、監査の実施等）を講じなさい。
④ 入札談合をやめたことを発注者などに周知徹底しなさい。
⑤ 将来同様の行為を行ってはいけません（不作為命令）。
⑥ 公正取引委員会へ①～④についてとった措置を報告しなさい。

「排除措置命令」は、二度と独禁法違反をしないよう取締役会の決議を求める等、詳細なものとなっています。

(排除措置命令の事前通知、説明)

> **Q 5-3** 排除措置命令の事前通知とはどのようなものでしょうか。また、事前通知の内容に疑義があるときにはどのように対応するのがよいのでしょうか。

A

　排除措置命令は、独占禁止法違反の行為が認められた場合に、公正取引委員会が、違反事業者に対し、違反行為の排除を命じる行政上の措置であり、排除措置命令書の謄本が名宛人に送達された時点で法的拘束力が生じるため、慎重かつ適切な手続の観点から、独占禁止法は、排除措置命令を行う際には、名宛人となるものに対し、あらかじめ、意見を述べ、証拠を提出する機会を与えることを求めています。

　このため、公正取引委員会では、排除措置命令を行う際には、名宛人に対して排除措置命令の内容を文書で事前に通知し、名宛人から排除措置命令の内容や違反行為があると認定した証拠等につき説明を求められた場合には適宜説明するとともに、名宛人が意見を述べ、証拠を提出する機会を設けています。

　したがって、公正取引委員会から排除措置命令に関する事前通知を受け、その内容等に疑義がある場合には、公正取引委員会に説明を求め、必要があれば意見を述べ、証拠を提出することができます。

　なお、公正取引委員会は、名宛人やその代理人の意見等を踏まえ必要に応じて修正の上、排除措置命令を行うこととしています。

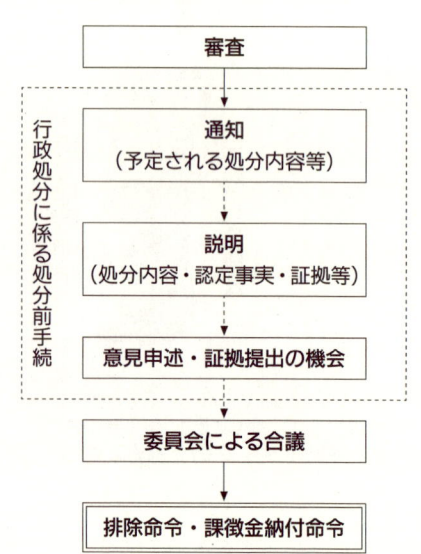

```
           審査
            ↓
     ┌──────────────┐
     │     通知      │
  行  │(予定される処分内容等)│
  政  └──────────────┘
  処            ↓
  分     ┌──────────────┐
  に     │     説明      │
  係     │(処分内容・認定事実・証拠等)│
  る     └──────────────┘
  処            ↓
  分     ┌──────────────┐
  前     │意見申述・証拠提出の機会│
  手     └──────────────┘
  続            ↓
         委員会による合議
            ↓
      排除命令・課徴金納付命令
```

(なぜ排除措置命令で「取締役会の決議」を命じるのか)

Q 5-4 排除措置命令の主文で、種々の事項について取締役会において決議することを命じていますが、その理由を教えてください。

A

　公正取引委員会は、独占禁止法違反行為を行った事業者に対し、違反事実を明らかにするとともに、当該行為の差止め等違反行為を排除するための必要な措置（特に必要があるときは、既往の違反行為について当該違反行為が既になくなっている旨の周知措置）などを命じますが、主文において、例えば、入札談合事件の場合には、取締役会において、以後、入札談合をやめる旨の決議又は既に入札談合をやめていることの確認のほか、以後、入札談合を行わず独自に受注活動を行う旨等の決議を行うこと等を命じています。

　これは、違反行為を行った事業者や事業者団体が再び違反行為を行うことがないように、違反行為にかかわった担当役員や代表者だけでなく全役員にこの事実を周知した上で、企業全体で独占禁止法のコンプライアンスに努めることが必要であるためです。即ち、大企業を例にしますと、独占禁止法違反行為を行った事業部門はＡ事業部であったとしても、企業が一体となり、Ａ事業部だけでなく他の事業部においても同様の問題を起こすことがないよう独占禁止法のコンプライアンスに取り組むことを求めているものです。

（排除措置命令に不服がある場合の対応）

Q 5-5 排除措置命令に不服がある事業者は、どのように対応すればよいのでしょうか。

A

　排除措置命令に不服があれば、審判を請求することができます。審判請求書には、審判請求の趣旨及び理由等を記載することとされており（52条）、審判を請求できる期間は、排除措置命令書の謄本の送達があった日から60日以内です。この期間に審判請求がなかったときは、排除措置命令は確定します（49条6項、7項）。

　審判手続終了後に審決が出されますが、なお審決に不服がある場合には東京高裁に審決取消しの訴えを提起することができます。

　なお、排除措置命令については、審判請求を行ったような場合には保証金等の供託をして排除措置命令が確定するまでその執行を免れる制度（70条の6）があります。ただし、排除措置命令が確定したときは、裁判所は、公正取引委員会の申立てにより、供託に係る保証金等の全部又は一部を没収することができます。これらの手続は、非訟事件手続法（明治31年法律第14号）により行われます。

（合併、事業譲渡等により独占禁止法の処分を回避できるか）

Q 5-6 独占禁止法違反の疑いで審査を受けている事業者が、公正取引委員会の審査中に他社と合併して解散あるいは違反行為に係る事業を他社に分割・譲渡してしまった場合、排除措置命令を行うことができますか。

A

　排除措置命令は、通常、違反事業者に対して行われますが、独占禁止法違反事件の審査中に、合併等により違反事業者が他社と合併して解散した場合は、合併後の存続会社に対して排除措置命令が行われます。

　また、独占禁止法違反の審査中に、会社分割や事業譲渡により、違反事業者が、違反行為に係る事業を営まなくなった場合には、通常、その事業を承継した事業者に対して排除措置命令が行われますが、必要に応じて違反事業者と承継事業者の双方に排除措置命令が行われることがあります。

　なお、違反行為に関係のない事業のみを承継した事業者に排除措置命令が行われることはありません。

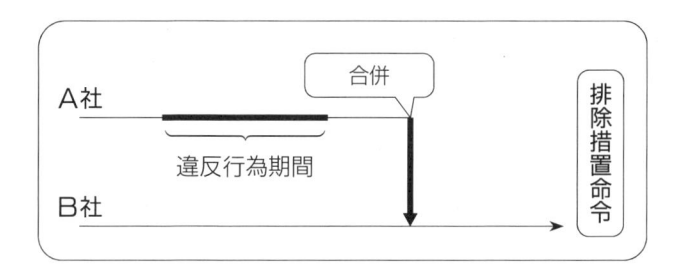

6 課徴金

(課徴金制度の導入目的、背景、時期)

Q 6-1 課徴金制度の導入目的、背景、時期について教えてください。

A

　昭和40年代に入る頃から企業の寡占化が進み、独占禁止法の運用強化が求められていたところ、昭和48年から49年にかけて石油製品が一斉に値上がりした石油危機下の狂乱物価・便乗値上げを背景として、昭和52年に独占的状態に対する措置、株式保有の総量規制、カルテルに対する課徴金制度の導入等を内容とした独占禁止法の強化改正が行われました。課徴金制度は、その際に、カルテルによる違反事業者の経済的利得を国が徴収して社会的公正を確保し、違反行為の未然防止を図り、カルテルの禁止規定の実効性を確保するために導入された行政上の措置です。

　課徴金は、公正取引委員会が、行政手続により、カルテルに参加した事業者に一定の算定方式に従って納付を命ずるものであり、課徴金制度には経済的利得の徴収という性格があることから、納付を命ずるか否か、あるいは課徴金の額について、公正取引委員会の裁量は認められていません。

　昭和52年の課徴金制度新設の目的は、カルテル参加事業者からカルテルで得た経済的利得を徴収しカルテルのやり得をなくすことにあり、課徴金の算定率は低く抑えられていましたが、課徴金の算定率は順次引き上げられ、課徴金対象の行為類型も数度の法改正を経て拡大されました。また、平成17年の改正では、課徴金の加算・減算の制度、課徴金減免制度が導入されています。このため、現在では、課徴金の性格が、違法行為により得られる経済的利得の徴収から行政上の制裁に変わったと言われています。

I 独占禁止法　6　課徴金

（課徴金対象の違反行為類型、対象事業者）

Q 6-2 課徴金の対象及び対象事業者を教えてください。

A

　課徴金の対象となる行為類型は、支配型私的独占、排除型私的独占、不当な取引制限及び不公正な取引方法のうち共同の取引拒絶、差別対価、不当廉売、再販売価格の拘束、優越的地位の濫用です。これらの行為類型の独占禁止法違反行為が行われた場合には、課徴金の対象となり、違反行為の対象商品又は役務の売上額や購入額を基にして課徴金が課されます。なお、共同の取引拒絶、差別対価、不当廉売、再販売価格の拘束については、課徴金の対象となるのは、公正取引委員会の調査開始日からさかのぼり10年以内に課徴金納付命令や審決等を受けたことがある者である場合に限られています。

　支配型私的独占と不当な取引制限の課徴金の対象については、違反行為の対象となった商品又は役務の対価に係るもの、又は対価に影響を及ぼすものと定められていますが、平成21年の独占禁止法改正で追加された排除型私的独占、共同の取引拒絶、差別対価、不当廉売、再販売価格の拘束、優越的地位の濫用に関する課徴金については、このような定めはありません。

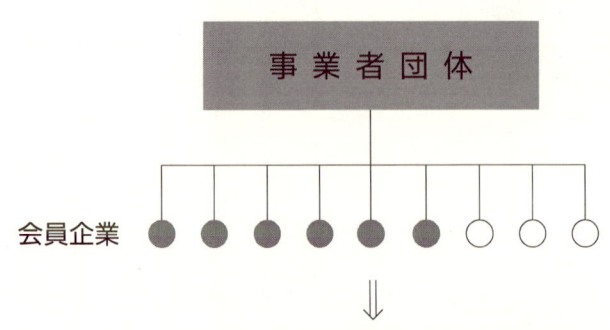

```
            事 業 者 団 体
    ┌───┬───┬───┬───┬───┬───┬───┬───┐
会員企業 ●   ●   ●   ●   ●   ●   ○   ○   ○
                    ⇩
        このうち、入札談合継続期間中に
        売上げがあった企業（●）が、課
        徴金納付命令の対象となります。
```

課徴金の対象事業者は、違反行為を行った事業者又は事業者団体の構成員です。

　入札談合等の独占禁止法違反行為の主体は、事業者の場合と事業者団体の場合がありますが、事業者の場合は、個々の事業者が課徴金の対象事業者となり、事業者団体の場合は、その構成員である個々の事業者が課徴金の対象事業者となります。

(課徴金納付命令とは)

Q 6-3 課徴金納付命令はどのような手続で行われるのでしょうか。

A

　課徴金の対象となる独占禁止法違反行為が認められた場合、通常、違反行為を排除するための排除措置命令に併せて課徴金納付命令が行われます。課徴金納付命令は、納付すべき課徴金の額、その計算の基礎、課徴金に係る違反行為、納期限を記載した文書により行われ、名宛人に課徴金納付命令書の謄本を送達することにより効力を生じます（50条1項、2項）。

　課徴金の納期限は、課徴金納付命令書の謄本を発した日から3月を経過した日とされています（50条3項）。

　課徴金納付命令に不服がある場合は、原則として60日以内に公正取引委員会に対して審判を請求することができますが、請求がなかったときは、納付命令は確定します（50条4項、5項）。

　課徴金納付命令を受けた者は、審判請求の有無にかかわらず、納期限までに、課徴金徴収の分任歳入徴収官が送付する納入告知書により課徴金を国庫に納付しなければなりません。

　なお、公正取引委員会が、課徴金納付命令を行う場合には、排除措置命令の事前通知と同様に、事前に、納付命令の名宛人となるべき者に、納付を命じようとする課徴金の額、課徴金の計算の基礎及びその課徴金に係る違反行為が文書で通知され、名宛人となるべき者は、これに意見を述べ、証拠を提出する機会が与えられます（50条6項）。

Ⅰ 独占禁止法　6　課徴金

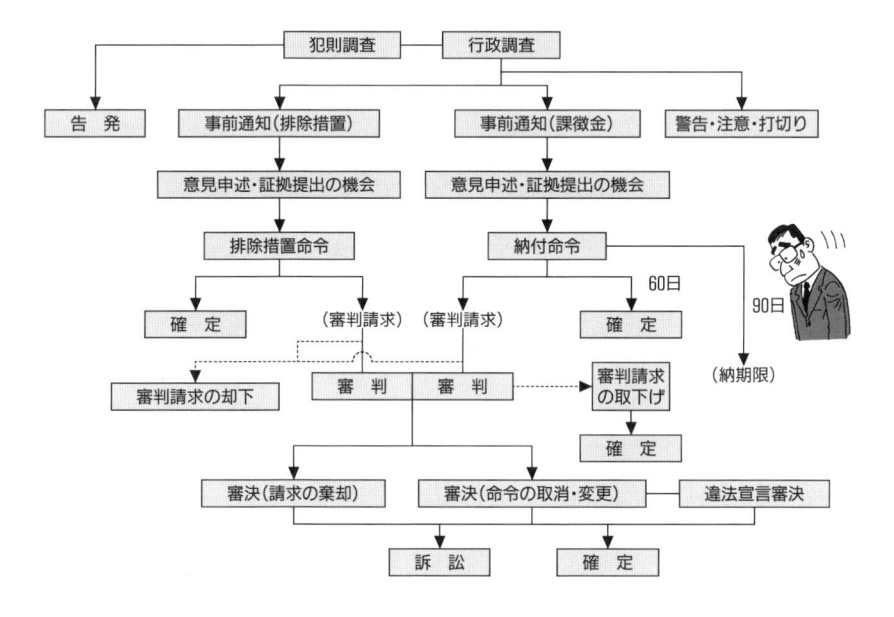

```
                犯則調査 ──── 行政調査
                   │              │
         ┌─────────┤    ┌─────────┼─────────┐
         │         │    │         │         │
       告 発   事前通知(排除措置) 事前通知(課徴金) 警告・注意・打切り
                   │              │
            意見申述・証拠提出の機会  意見申述・証拠提出の機会
                   │              │
              排除措置命令       納付命令
                   │         ┌────┼────┐
              ┌────┤         │    │    │ 60日
            確 定  (審判請求)(審判請求) 確 定 ──── 90日
                   │    │    │              (納期限)
          ┌────────┤  審 判  審 判 ────→ 審判請求
          │                │              の取下げ
      審判請求の却下         │                 │
                            │               確 定
                            │
          ┌─────────────────┼─────────────────┐
      審決(請求の棄却)   審決(命令の取消・変更)   違法宣言審決
          │                │
        訴 訟            確 定
```

93

(課徴金の算定率)

Q 6-4 課徴金の算定率は大企業と中小企業とで異なっていますが、違いを教えてください。

A

　課徴金の対象となる行為類型は、従来、不当な取引制限、支配型私的独占でしたが、平成21年の法改正で排除型私的独占、共同の取引拒絶、差別対価、不当廉売、再販売価格の拘束、優越的地位の濫用が追加されました。

　行為類型別の課徴金の算定率は次のとおりであり、(　)内は中小企業に対する優遇措置です。

	製造業・建設業・サービス業	小売業	卸売業
不当な取引制限	10%（4％）	3％（1.2%）	2％（1％）
支配型私的独占	10%	3％	2％
排除型私的独占	6％	2％	1％
共同の取引拒絶、不当廉売、差別対価等	3％	2％	1％
優越的地位の濫用	1％		

　中小企業については、中小企業基本法により定義されていますが、建設業の場合は、資本金の総額又は出資の総額が3億円以下並びに従業員数が300人以下の事業者が、サービス業に分類される測量業、設計業、建設コンサルタント業等の建設関連業の場合は、資本金の総額又は出資の総額が5千万円以下並びに従業員数が100人以下の事業者が中小企業とされています。

　なお、中小企業についての優遇措置は、私的独占や不公正な取引方法に係る行為類型の課徴金算定率には置かれていませんが、これらの行為類型は、一般的な力関係から、中小企業が違反主体となることはほとんどないと考えられるためです。

（課徴金算定の基礎となる売上額等）

Q 6-5 入札談合等のカルテル、不当廉売、優越的地位の濫用など建設業者が犯し易い違反行為について、違反行為類型別に、どのような売上額又は購入額が課徴金算定の基礎となるのか教えてください。

A

独占禁止法違反行為に係る課徴金の算定の基礎となる売上額又は購入額は、次のとおりです。
① 入札談合等のカルテルの場合は、課徴金の対象となる違反行為に係る売上額（供給を受ける場合は購入額）です。違反行為に係る売上額又は購入額が対象ですから、違反行為の期間内における入札談合よって自社が受注した金額の合計が売上額（供給を受ける場合は購入額）となります。
② 支配型私的独占の場合は、違反行為の期間内における課徴金の対象となる違反行為に係る売上額です。
③ 排除型私的独占の場合は、違反行為の期間内における課徴金の対象となる違反行為に係る売上額です。
④ 共同の取引拒絶、差別対価、不当廉売、再販売価格の拘束の場合は、違反行為の期間内における課徴金の対象となる違反行為に係る売上額です。
⑤ 優越的地位の濫用の場合は、違反行為の期間内における課徴金の対象となる違反行為に係る売上額又は購入額ですが、当該行為の相手方が複数である場合は売上額又は購入額の合計です（優越的地位の濫用に対する課徴金は、濫用行為を受けた相手方との間の売上額又は購入額が算定の基礎となっている点で他の不公正な取引方法の行為類型と異なっています。）。

なお、課徴金算定の対象となるのは、違反行為期間が３年を超えるときには、当該行為の実行としての事業活動がなくなる日からさかのぼって３年間の売上額等です。

(課徴金の割増し制度と軽減制度)

Q 6-6 課徴金の割増し制度と軽減制度について教えてください。

A

　独占禁止法違反行為からの早期離脱にメリットを与え、一方で違反行為が繰り返されることを防止するために課徴金の軽減制度と加算制度があります。

（早期離脱）

　違反行為の実行期間が2年未満で、公正取引委員会の調査開始日の1月前の日までに違反行為をやめた者は、課徴金の算定率が通常よりも20％軽減されます。

（再度の違反）

　調査開始日からさかのぼり10年以内に入札談合等のカルテルや排除型私的独占を行い、確定した課徴金納付命令、審決等を受けたことがある者は、課徴金の算定率が通常よりも50％加算されます。

　なお、調査開始日とは公正取引委員会の立入検査の日や犯則調査の臨検捜索等があった日です。

（主導的事業者）

　入札談合等のカルテルを主導した事業者は、課徴金の算定率が通常よりも50％加算されます。入札談合等のカルテルを主導したとは、次の規定の適用を受ける者である場合です。

　① 単独又は共同して、違反行為を企て、他の者に対し、違反行為をすること又はやめないことを要求し、依頼し又は唆すことにより違反行為をさせ又はやめさせなかった者
　② 単独又は共同して他の事業者の求めに応じて、継続的に他の事業者に対し、違反行為に係る商品又は役務の対価、供給量、購入量、市場占拠率、取引の相手方について指定した者
　③ 上記①、②の行為により違反行為を容易にする重要な役割を果たした者

I　独占禁止法　6　課徴金

【談合等のカルテルの場合の課徴金算定率】

業　種	大企業		中小企業	
原　則 (製造業、建設業等)	10%	早期解消　　8％ 再度の違反　15% 主導的役割　15% 再度＋主導　20%	4％	早期解消　　3.2% 再度の違反　6％ 主導的役割　6％ 再度＋主導　8％

> 一口メモ
>
> 「調査開始日からさかのぼり10年以内に課徴金納付命令等を受けたことがある者であるとき」は、課徴金算定率が50％加算という基準が設けられています。それは、「調査開始日」ではなく、「違反行為の開始日」を基準日とした場合には、入札談合等の違反行為が長期の事案については、違反行為の開始日の認定が困難な場合があり、「課徴金納付命令の日」を基準日とした場合には、対象事業者等が調査を長引かせて課徴金納付命令の日を遅らせることができるとの問題があるのに対し、「調査開始日（例.立入検査日）」にはそのような問題がないためです。

> 一口メモ
>
> 再度の違反を行った事業者が主導的事業者でもある場合には、課徴金の算定率は通常よりも100％加算されます。
> 主導的事業者の具体例としては、入札談合において「調整役」、「仕切り役」などとしてリーダー的な役割を果たした事業者を挙げることができます。

（違反事業者が合併等した場合の課徴金納付命令の名宛人）

Q 6-7 独占禁止法違反の疑いで審査を受けている事業者が、公正取引委員会の審査中に他社と合併して解散あるいは違反行為に係る事業を他社に分割・譲渡してしまった場合、誰が課徴金納付命令の対象事業者になりますか。

A

　課徴金納付命令は、通常、違反事業者に対して行われますが、独占禁止法違反事件の審査中に、合併等により違反事業者が他社と合併して解散した場合は、解散会社の債権、債務の一切を継承した合併後の存続会社に対して課徴金納付命令が行われます。

　また、独占禁止法違反事件の審査中に、違反事業者が1又は2以上の子会社等に違反行為に係る事業の全部を譲渡又は分割により消滅したときは、その事業の全部又は一部を承継した子会社等に対して課徴金納付命令が行われ、承継した子会社等が複数である場合には、連帯してその責を負うことになります（7条の2第25項）。

(建設業者の課徴金の算定方法)

Q6-8 建設業界の事業者を念頭に課徴金の算定方法を教えてください。

A

　建設業界において、実際に起こる課徴金の対象になる違反行為としては、入札談合等の「不当な取引制限」と共同の取引拒絶、不当廉売、優越的地位の濫用等の「不公正な取引方法」が考えられます。

　「不当な取引制限」についての課徴金の額は、違反行為の実行期間の当該商品又は役務の売上額（供給を受ける場合は購入額）に課徴金の算定率を乗じて算出されます。「不公正な取引方法」についての課徴金もほぼ同様にして算定されます（優越的地位の濫用については、売上額又は購入額の合計となるときがある）。

　課徴金は、国庫への納付が命じられますが、課徴金についての裁量権はなく、課徴金額が100万円未満であるときは、納付を命じることはできないものとされています。

　売上額の計算方法は、通常、実行期間（当該行為の実行としての事業活動を行った日から当該行為の実行としての事業活動がなくなる日までの期間）において引き渡した商品又は役務の対価の額を合計する方法によりますが、建設業のように役務の対価が契約締結の際に定められる場合、提供した役務の対価と締結した契約により定められた役務の提供の対価とが著しく差異を生じる事情があると認められるときは、実行期間において締結した契約により定められた対価の額を合計することになります（独占禁止法施行令6条）。

　建設業界の入札談合についての課徴金は、実行期間において契約した建設工事等の対価の額を合計して算出することになります。したがって、違反行為終了前に入札が行われ、受注予定者が落札し、違反行為終了後に契約が締結された建設工事等についても、契約時をもって当該行為の実行としての事業活動がなくなる日とされ、課徴金の対象となります。

(課徴金の徴収手続)

Q 6-9 課徴金の徴収手続を教えてください。

A

　課徴金納付命令は、審判開始手続の有無に関わらず、命令書の謄本の送達をした日から3月を経過すると納期限が来ます。公正取引委員会は、納入告知書を送付しますが、納期限までに課徴金の納付がない場合は、延滞金の納付義務が生じます。

　納期限までに納付されない場合には、督促状により納付を督促（課徴金審判が行われた場合は審決後）することになり、この場合には、課徴金額に年14.5%の割合で計算した延滞金が付けられます。

　また、審判が行われた場合は、審決の謄本送達の日までは、課徴金額に年7.25%を超えない範囲内で、政令で定める割合の延滞金が付けられます。

　なお、督促状により指定した日までに課徴金の納付がないときには、国税滞納処分の例により徴収されることになります。

I 独占禁止法　6 課徴金

(課徴金審判中は課徴金の納付は猶予されるか)

Q 6-10 課徴金納付命令に不服があり審判で争っている間は、課徴金の納付は猶予されるのですか。

A

　平成17年の独占禁止法改正前の旧法では、審判手続が開始された場合には、課徴金納付命令は効力を失うことになっていたため、資金繰りの都合等で取りあえず審判を求める会社が多数現れました。このようなことを防止するため、平成17年の独占禁止法改正により課徴金納付命令は、審判手続とは無関係に行うことができるようになりました。

　課徴金納付命令は、審判手続の開始によってその効力を失うことはなくなり、納期限までに課徴金を納付しなければなりません。この意味では、審判手続によって課徴金の納付が猶予されることはありません。

（課徴金は罰金の半額分減額される）

Q 6-11 同一事業者が課徴金と罰金を徴収されることになった場合には、課徴金は減額されるのでしょうか。

A

　独占禁止法違反行為に課徴金と刑罰を併科することが、憲法で禁止されている二重処罰に当たらないことは、既に最高裁判決で認められていますが、課徴金と刑罰は、違反行為を防止するという機能面で共通する部分があります。平成17年の独占禁止法改正で課徴金と罰金を併科する場合は、この機能面で共通する部分に係る調整として、罰金相当額の2分の1を課徴金額から控除することが適当であるとの判断から調整措置が設けられました。

　例えば、同一の入札談合事件について、罰金刑の確定判決があるときは、課徴金額から罰金額の2分の1に相当する金額を控除した額が課徴金額となります。ただし、課徴金額が罰金額の2分の1を超えないとき、又は控除後の額が100万円未満であるときは、公正取引委員会は課徴金の納付を命じることができないとされています（51条1項）。

　なお、この対象となる違反行為は、不当な取引制限と排除型私的独占に限られています。

7 課徴金減免制度

(課徴金減免制度の導入目的、背景、内容)

Q 7-1 課徴金減免制度の導入目的、背景、内容について教えてください。

A

課徴金減免制度(リーニエンシー)は、平成17年の独占禁止法改正で導入されましたが、既に、アメリカ、EU、韓国、オーストラリア等で導入し、成果を上げていました。

課徴金減免制度は、一定の要件の下で自発的に自らの違反事実を公正取引委員会に情報提供した事業者に課徴金を減額・免除する制度です。

我が国で課徴金減免制度が導入される以前は、事業者側としては、コンプライアンス体制を整備し、自社が入札談合・価格カルテル等の違反行為に参加している事実を把握したとしても、自ら公正取引委員会に申し出ることにはインセンティブが欠けており、他方、これを規制する公正取引委員会としては、入札談合・価格カルテル等が秘密裏に行われ、証拠を残すことも少ないことから、違反行為の発見、真相究明が困難な状況にありました。

課徴金減免制度は、減免申請の対象となる違反行為を「不当な取引制限」に限定しておりますが、事業者から自主的に違反事実の存在やその内容を申告させることにより、公正取引委員会が違反事実を把握し、早期に違反行為の排除、競争の回復を図ることを目的として導入された制度です。

このように、減免申請の対象を「不当な取引制限」に限定した理由は、不当な取引制限に該当する行為(例.入札談合、価格カルテル)が事業者の共同行為であり、違反行為に関する内部情報を有する事業者が多いことから課徴金減免制度が有効に機能すると考えられたためです。また、この制度を導入することによって、ハードコア・カルテルと言われる入札談合や価格カルテルの内部崩壊を促し、違反行為の抑止効果を意図したものと考えられます。

なお、事業者団体が商品や役務の価格等を協定して、一定の取引分野における競争を実質的に制限する行為は、事業者による「不当な取引制限」に相当する行為ですが、これも課徴金の対象となり、減免申請の対象となります。このような場合、課徴金納付命令の対象は個々の事業者ですので、減免申請は事業者団体の構成員である個々の事業者が行うことになります。

I　独占禁止法　7　課徴金減免制度

（課徴金減免申請手続）

Q7-2　課徴金減免申請手続を教えてください。

A

　課徴金の減額・免除を申し出る場合の手続は、「課徴金減免に係る報告及び資料の提出に関する規則」に定められていますが、様式第1号による報告書1通を公正取引委員会の専用ファクシミリを利用して送信して提出することになります。この報告書を提出した者は、遅滞なく原本を提出しなければなりません。公正取引委員会は報告書を受理したときは報告書を提出した者に対し、当該報告書の提出順位及び様式第2号による報告及び資料の提出期限を通知します。報告書の提出順位による減額・免除の順位を得た者は、その後、公正取引委員会の求めに応じ、様式第3号による報告などを行うことになります。（課徴金減免に係る報告書の様式第1号、様式第2号及び様式第3号は公正取引委員会のホームページからプリントアウトすることができます。）

　なお、報告又は提出資料に虚偽の内容が含まれていたり、求められた報告若しくは資料の提出を怠ったり、他の事業者に違反行為を強要し又はやめることを妨害していた場合には、減免されることはありません。

　課徴金の減額・免除を申し出るに際しては、公正取引委員会の課徴金減免管理官に、手続その他の事項を事前に相談することができます。事前相談は匿名でも行うことができます。

> **一口メモ**
>
> 　公正取引委員会は、専用のファクシミリを用いて減免申請するよう求めています。これは減免申請が相次いだ場合でも、申請書を受信した順で申請順位を確定させることで客観性が保たれるからです。
> 　なお、1番目の報告者が虚偽報告などで減免の資格を失ったとしても、原則として、2番目の報告者が1番目に繰り上がることはありません。

1　調査開始日前の場合

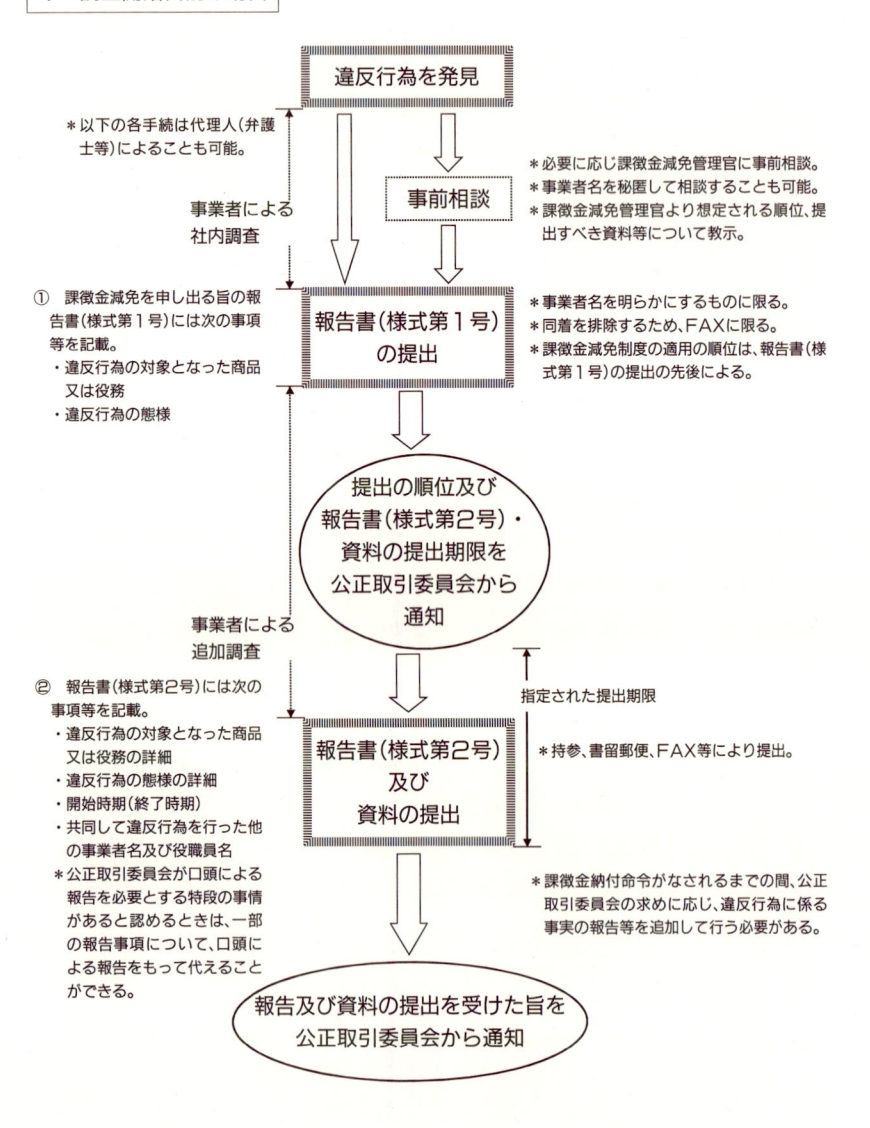

```
                    ┌─────────────┐
                    │ 違反行為を発見 │
                    └──────┬──────┘
                           │
                           ▼
                    ┌─────────────┐
                    │   事前相談   │
                    └─────────────┘
```

*以下の各手続は代理人（弁護士等）によることも可能。

*必要に応じ課徴金減免管理官に事前相談。
*事業者名を秘匿して相談することも可能。
*課徴金減免管理官より想定される順位、提出すべき資料等について教示。

事業者による社内調査

① 課徴金減免を申し出る旨の報告書（様式第1号）には次の事項等を記載。
　・違反行為の対象となった商品又は役務
　・違反行為の態様

報告書（様式第1号）の提出

*事業者名を明らかにするものに限る。
*同着を排除するため、FAXに限る。
*課徴金減免制度の適用の順位は、報告書（様式第1号）の提出の先後による。

提出の順位及び報告書（様式第2号）・資料の提出期限を公正取引委員会から通知

事業者による追加調査

② 報告書（様式第2号）には次の事項等を記載。
　・違反行為の対象となった商品又は役務の詳細
　・違反行為の態様の詳細
　・開始時期（終了時期）
　・共同して違反行為を行った他の事業者名及び役職員名
*公正取引委員会が口頭による報告を必要とする特段の事情があると認めるときは、一部の報告事項について、口頭による報告をもって代えることができる。

指定された提出期限

報告書（様式第2号）及び資料の提出

*持参、書留郵便、FAX等により提出。

*課徴金納付命令がなされるまでの間、公正取引委員会の求めに応じ、違反行為に係る事実の報告等を追加して行う必要がある。

報告及び資料の提出を受けた旨を公正取引委員会から通知

I　独占禁止法　7　課徴金減免制度

2　調査開始日以後の場合

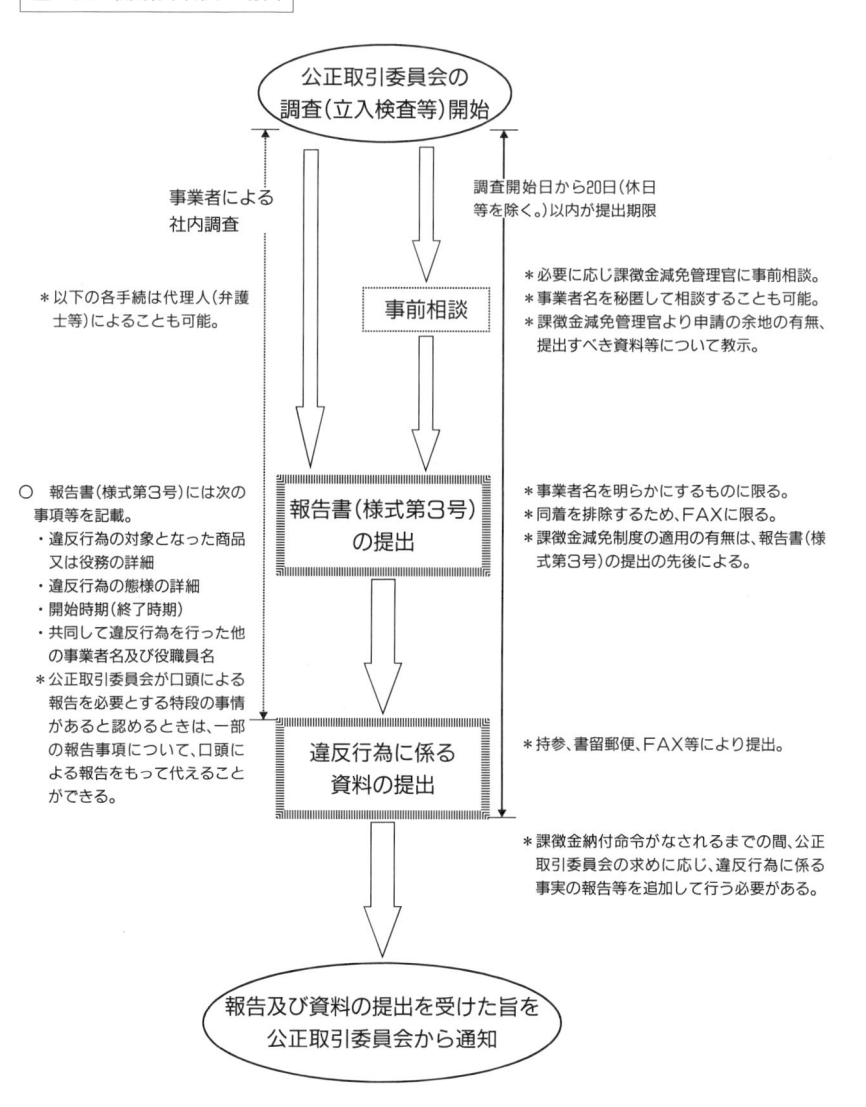

```
          公正取引委員会の
          調査(立入検査等)開始
          ↓
事業者による              調査開始日から20日(休日
社内調査                 等を除く。)以内が提出期限

*以下の各手続は代理人(弁護      事前相談     *必要に応じ課徴金減免管理官に事前相談。
 士等)によることも可能。                  *事業者名を秘匿して相談することも可能。
                                *課徴金減免管理官より申請の余地の有無、
                                 提出すべき資料等について教示。

○ 報告書(様式第3号)には次の
  事項等を記載。           報告書(様式第3号)   *事業者名を明らかにするものに限る。
 ・違反行為の対象となった商品     の提出       *同着を排除するため、FAXに限る。
  又は役務の詳細                    *課徴金減免制度の適用の有無は、報告書(様
 ・違反行為の態様の詳細                   式第3号)の提出の先後による。
 ・開始時期(終了時期)
 ・共同して違反行為を行った他
  の事業者名及び役職員名
 *公正取引委員会が口頭による
  報告を必要とする特段の事情    違反行為に係る    *持参、書留郵便、FAX等により提出。
  があると認めるときは、一部     資料の提出
  の報告事項について、口頭に
  よる報告をもって代えること
  ができる。
                                *課徴金納付命令がなされるまでの間、公正
                                 取引委員会の求めに応じ、違反行為に係る
                                 事実の報告等を追加して行う必要がある。

          報告及び資料の提出を受けた旨を
          公正取引委員会から通知
```

（課徴金減免申請事業者の枠を最大5名とした理由）

Q7-3 課徴金減免申請を行うことができる事業者を最大5名に増やした理由を教えてください。また、それぞれの減額の比率を教えてください。

A

　平成17年の独占禁止法改正で導入された課徴金減免制度では、申請事業者は3名に限定されていましたが、申請件数が多数に上り、独占禁止法違反事件の審査において有効に機能してきました。このような実績を踏まえ事業者からのより積極的な情報提供を促すことにより、違反の発見、事実の解明、法執行の実効性確保にさらに役立てるため、平成21年の独占禁止法改正で、同一企業グループの共同申請が認められるとともに、課徴金の減免申請を行うことができる事業者が最大5名に増やされました。

　なお、公正取引委員会の調査開始日以後で、調査開始日以後20日を経過した日までの申請者は、最大3名まで認められますが、申請者総数では5名までとなります。

　課徴金の免除又は減額の比率は、以下のとおりです。

(1) 調査開始日前の申請者

1番目	免除
2番目	50％減額
3番目	30％減額
4番目、5番目	30％減額

　（ただし、4番目、5番目の申請者については、既に公正取引委員会が把握している事実以外の事実を報告する必要があります。）

(2) 調査開始後の申請者（最大3名）　→　30％減額

※【調査開始前に5社が申請した場合の例】

	調査開始日以前
1番目	免除
2番目	50％減額
3番目	30％減額
4番目	30％減額
5番目	30％減額

※【調査開始前に2社、調査開始後に3社が申請した場合の例】

	調査開始日以前	調査開始日以後
1番目	免除	
2番目	50％減額	
3番目		30％減額
4番目		30％減額
5番目		30％減額

（課徴金減免の共同申請）

Q7-4 複数の事業者による課徴金減免の共同申請が認められるのは、どのような場合でしょうか。

A

　同じ企業グループに属する複数の企業が同一の独占禁止法違反行為に関与していることがありますが、最近では企業グループ全体で法令遵守の取組みが行われるようになってきました。そこで、平成21年の独占禁止法改正により、同一企業グループ内の複数の事業者による課徴金減免の共同申請を認め、共同申請者に同一の順位を割り当てることとされました。

　共同申請ができるのは、「子会社等の関係にあること」が必要とされますが、子会社等とは、50％超の議決権を保有している親会社、50％超の議決権を保有されている子会社、親会社が同一の兄弟会社をいい、国内の会社か外国の会社かを問いません。

　共同申請の要件としては、①共同申請をしようとする複数の事業者が、同時期に違反行為をしていた場合は、全期間において、相互に子会社等の関係にあったこと、②共同申請をしようとする複数の事業者が、同時期に違反行為をしていない場合は、当該事業者間において、違反行為に係る事業の譲渡又は分割があり当該事業を引継いだ事業者が、引き継いだ日から違反行為を開始したことが必要です。

　なお、共同申請を行った事業者のうち1者でも虚偽申請をしたり、資料の提出等をしなかったり、他の事業者に違反行為の強要などをしていた場合には、課徴金減免が認められないことは、単独による減免申請の場合と同様です。

I 独占禁止法 7 課徴金減免制度

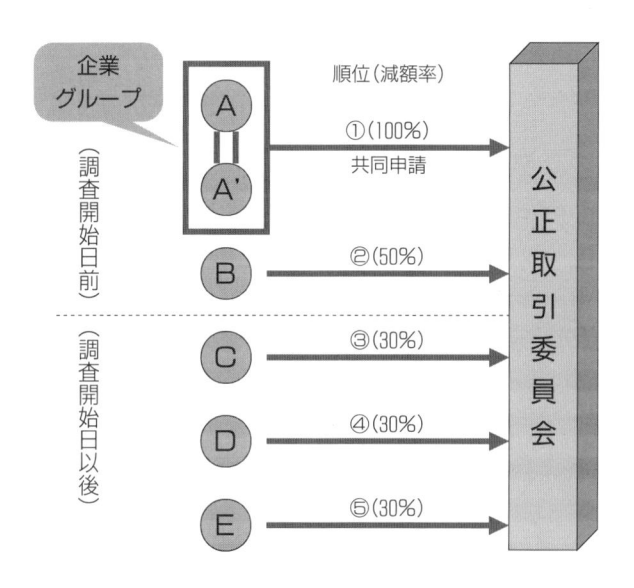

```
企業グループ                 順位（減額率）
   ┌─────┐
   │  A  │
   │  ‖  │ ──①(100%)──→   公
   │  A' │   共同申請      正
   └─────┘                 取
(調査開始日前)              引
     B    ──②(50%)───→    委
                            員
─ ─ ─ ─ ─ ─ ─ ─ ─ ─ ─ ─    会
(調査開始日以後)
     C    ──③(30%)───→
     D    ──④(30%)───→
     E    ──⑤(30%)───→
```

> **一口メモ**
>
> 　共同申請制度が設けられた理由は、①減免申請者のうち複数の事業者が同一企業グループに属する場合には、その事業者からの報告内容等は似通っていることが多く、公正取引委員会ではこのような事態を回避することが必要であったほか、②同一企業グループ内でコンプライアンスに取り組んだ結果、複数の事業者が同一の談合事件に関係していることが判明した場合には一緒に減免申請することが可能となり、減免申請の促進が期待できるためです。

(課徴金の減免申請事業者の指名停止期間は2分の1か)

Q 7-5 課徴金の減免申請を行った場合、課徴金の減免を受けた事業者はすべて公表されるのでしょうか。公表されないようにする方法はありますか。

A

　入札談合等により独占禁止法に基づく排除措置命令、課徴金納付命令、刑事告発などを受けた事業者に対しては、発注者による入札参加停止が行われます。入札参加停止は、「工事請負契約に係る指名停止等の措置要領　中央公共工事契約制度運用連絡協議会モデル」に準拠して行われます。

　独占禁止法に基づく措置については、課徴金の減免申請を推奨し、減免申請にインセンティブを与える等のため、前記のモデルの「運用申合せ」により、課徴金減免制度が適用された事実が公表されたときには、入札参加停止期間が通常の2分の1とされます。

　公正取引委員会は、国、地方公共団体等が入札参加停止を行う際の入札参加停止期間決定等の資料に供するために、課徴金減免制度の適用を受けた旨を公表することを申し出た事業者については、公正取引委員会のホームページ上で事業者の名称、所在地、代表者名、免除の事実又は減額の率を公表しています。

　ただし、課徴金減免制度の適用を受けても、諸般の事情から、課徴金減免制度の適用を受けた旨の公表を望まない事業者は、公表の申出を行わないことができます。公表の申出を行わなければ、公表されることはありません。

I　独占禁止法　7　課徴金減免制度

(課徴金減免制度の利用状況)

Q 7-6 課徴金減免制度の利用状況を教えてください。

A

課徴金減免制度が導入された平成18年1月4日以降、年度ごとの申請件数、適用が公表された事件数、適用が公表された事業者数は次のとおりです。

年　度	17年度(注)	18年度	19年度	20年度	21年度	合計
申請件数	26	79	74	85	85	349
適用が公表された事件数	0	6	16	8	21	51
適用が公表された事業者数	0	16	37	21	50	124

(注)　平成18年1月4日から同年3月末日までの件数である。

── 一口メモ

　減免申請件数が増えている理由として、平成18年に制定された会社法で「内部統制制度」が設けられ、資本金5億円以上の会社の取締役が、法令の遵守等に適切に対応しないことにより会社が損害を蒙った場合には、株主から損害賠償請求訴訟を提起されることになった点等が挙げられます。

── 一口メモ

　「適用が公表された事件数」が「申請件数」と比較して大分少ないことから、減免申請を受けても審査を行っていない事例が多いという印象がありますが、これは、同一事案について複数の減免申請があるほか、公正取引委員会が、減免申請で寄せられた情報の裏付け調査等を行い、独占禁止法違反の疑いが濃厚であることが確認された場合に、違反被疑事件の審査を行っていること等によると考えられます。

(会社の合併と課徴金減免申請の効果が及ぶ範囲)

Q 7-7 A社が同一の談合事件で違反行為を行っていたB社を吸収合併した場合、消滅会社であるB社の違反行為に係る課徴金についても減免を受けられますか。

A

　A社が同一の談合事件で独占禁止法違反行為を行っていたB社を、公正取引委員会の審査中に吸収合併した場合、B社の違反行為に係る課徴金についてもA社が納付命令を受けることになります（法7条の2第24項）。(Q5－6参照)

　本問は、このようなケースにおいて、合併前にA社が減免申請を行い、その後も資料の提出など公正取引委員会の審査に協力してきている場合には、A社はB社の違反行為に係る課徴金についても減免を受けられるかという問題ですが、この場合、減免を受けることはできません（法施行令13条2項）。

8 刑事告発・刑事罰

(犯則事件の調査方法)

Q 8-1 犯則事件の調査方法を教えてください。

A

独占禁止法上の犯則事件とは、独占禁止法89条から91条までの罪（私的独占、不当な取引制限、事業者団体による競争の実質的制限等の罪）に係る事件をいいます。同法89条から91条までの罪は、公正取引委員会に専属告発権があり、犯則事件調査などにより、犯則の心証を得たときは、検事総長に告発しなければなりません。したがって、犯則の心証が得られた入札談合、価格カルテル等は検事総長に告発されます。

犯則事件の調査は、このように犯罪の疑いを前提にした調査ですから、公正取引委員会の職員があらかじめ裁判所の許可状をとり、臨検、捜索又は差押えを行い、犯則嫌疑者等に出頭を求め事情聴取などを行いますが、臨検、捜索又は差押えに際しては、必要なときは警察官の援助を求めることがあります。

犯則事件調査は、他の部署との間にファイアーウォールを設けた犯則審査部が担当し、公正取引委員会から指定を受けた職員が調査を行います。

公正取引委員会は、告発に当たって検察庁との告発問題協議会を開催し、当該事件に係る具体的問題点等について意見・情報の交換を行っています。

公正取引委員会は刑事告発に積極的な方針を出しており、検察庁と意見、情報の交換に努めています。

（独占禁止法違反に係る刑事罰の対象者）

Q8-2 企業が独占禁止法違反を行った場合の刑事罰の対象者を教えてください。

A

　独占禁止法違反の罪で、刑事告発され、裁判所の有罪判決を受ければ刑罰が科されることになります。刑事罰の対象者は、入札談合事件を例にとれば、入札談合を実際に担当した企業の役員、従業員等及びこれらの者が所属する企業のほか、入札談合の計画があること、入札談合が行われていることを知りながら防止措置、是正措置を採らなかった企業の代表者です。

　刑罰は、入札談合を実際に担当した企業の役員、従業員等は、5年以下の懲役又は500万円以下の罰金刑を受け、これらの者が所属する企業が5億円以下の罰金刑を受ける両罰規定となっているほか、防止措置、是正措置を採らなかった企業の代表者が500万円以下の罰金刑を科されることがあります。

独禁法違反の罪は実行者以外も罰せられる三罰規定です。

（入札談合と刑法の談合罪の違い）

Q 8-3 独占禁止法違反の入札談合と刑法の談合罪とはどのように異なるのでしょうか。

A

　独占禁止法は、公正で自由な競争を維持、促進することを目的とし、競争を制限したり競争を阻害するような行為を禁止しています。独占禁止法に違反した場合、競争を回復させるため、一般的には、競争を制限する行為や競争を阻害する行為を排除し、その他必要な措置を採るために行政処分が行われます。公正取引委員会の行政処分には、入札談合のような違反行為を排除し、必要な措置を採るための方法として、排除措置命令、課徴金納付命令などがあります。ただし、悪質な入札談合事件などで、公正取引委員会が、犯罪の心証を得たときには、企業の担当者や企業等が検事総長に告発をして、裁判を経て刑事罰を科されることがあります。

　一方、入札談合は、刑法の談合罪の適用を受けることがあります。刑法の談合罪は、司法当局により公の入札制度を害する行為を行った者に対して適用されます。

　独占禁止法の対象となる入札談合と刑法の談合罪との違いは、①保護法益が、独占禁止法は「公正で自由な競争秩序の維持・促進」であるのに対し、刑法の談合罪は「公務執行の適正（入札の公正）」であり、②独占禁止法に違反する入札談合の行為主体は事業者、事業者団体であるのに対して、刑法の談合罪の行為主体は自然人であるという違いがあり、③調査方法についても、独占禁止法に違反する疑いがある入札談合は、一連の入札契約を対象に審査するのに対し、刑法による談合罪の捜査は一度の入札を対象にすることもある等の違いがあります。

(公正取引委員会の「刑事告発の方針」)

Q 8-4 公正取引委員会はどのような場合に企業等を刑事告発するのでしょうか。

A

　公正取引委員会は、独占禁止法の厳正かつ積極的な運用を掲げ、刑事告発にも積極的で、平成2年6月に、「独占禁止法違反に対する刑事告発に関する公正取引委員会の方針」を明らかにし、平成17年10月には、課徴金減免制度、犯則調査権限の導入に併せて、これを「独占禁止法違反に対する刑事告発及び犯則事件の調査に関する公正取引委員会の方針」と改正し、公表しています。

　この方針の概要は、次のとおりです。
① 　入札談合その他独占禁止法違反行為であって、国民生活に広範な影響を及ぼすと考えられる悪質かつ重大な事案
② 　違反を反復して行っている事業者、業界、排除措置に従わない事業者等に係る違反行為のうち、公正取引委員会の行う行政処分によっては独占禁止法の目的が達成できないと考えられる事案

以上については、積極的に刑事処罰を求めて告発を行う。
　　ただし、
　ア　立入検査前に最初に課徴金減免の申請をした事業者（虚偽報告等の事実がある場合は除く）
　イ　当該事業者の役員、従業員等であって、調査への対応等において、当該事業者と同等に評価すべき事情が認められる者
については、告発を行わない。

(刑事告発事件の管轄裁判所)

Q 8-5 刑事告発された事件を審理する裁判はどこの裁判所で行われるのでしょうか。

A

　刑事告発の対象となる独占禁止法89条から91条までの罪（私的独占、不当な取引制限等の罪）に係る裁判の第一審の裁判権は、平成17年の独占禁止法改正による犯則調査権限の導入に併せて、東京高等裁判所の専属から違反行為の発生した土地などの地方裁判所に移されました。

　これにより、地域的事件も刑事告発を行いやすくなり、平成18年のし尿処理施設工事談合の刑事告発事件は大阪地方裁判所で、平成19年の名古屋地下鉄工事談合の刑事告発事件は名古屋地方裁判所で、平成19年の緑資源機構発注の地質調査、調査測量設計業務談合の刑事告発事件は東京地方裁判所で審理されています。

（建設関係の入札談合に係る刑事告発事例）

Q8-6 これまでの建設関係の入札談合に係る刑事告発事例を教えてください。

A

　公正取引委員会が、建設関係の入札談合について、これまでに刑事告発したものは次のとおりです。

○　日本下水道事業団発注の電気設備工事の入札談合事件
　　平成7年に重電メーカー9社、受注業務に従事していた者17名、発注業務に従事していた者1名を検事総長に告発
【平成8年5月に東京高裁で有罪確定】
　（判決内容）被告会社9社に4千万円から6千万円の罰金、受注業務に従事していた者17名に懲役10月（執行猶予各2年）、発注業務に従事していた者に懲役8月（執行猶予2年）

○　国土交通省発注の鋼橋上部工事及び日本道路公団発注の鋼橋上部工事の入札談合事件
【国土交通省発注分】
　　平成17年に鋼橋工事業者26社、受注業務に従事していた者8名を検事総長に告発
【日本道路公団発注分】
　　平成17年に鋼橋上部工事業者3社、受注業務に従事していた者4名、日本道路公団元理事、副総裁、理事を検事総長に告発
【平成18年11月に東京高裁で有罪判決（一部）】
　（判決内容）被告会社26社に1億6千万円から6億4千万円の罰金、受注業務に従事していた者8名に懲役1年から2年6月（執行猶予3年から4年）＊併合罪

○　市町村等発注のし尿処理施設工事の入札談合事件
　　平成18年にし尿処理施設工事業者11社、受注業務に従事していた者11名を検事総長に告発

【平成19年３月から５月までの間に大阪地裁で有罪判決】
　（判決内容）被告会社に最高２億２千万円、総額13億9千万円の罰金、受注業務に従事していた者５名に対し最長２年６月の懲役刑（執行猶予付き）、６名に対し最高170万円の罰金刑
○　名古屋市発注の地下鉄工事の入札談合事件
　　平成19年の地下鉄工事業者５社、受注業務に従事していた者５名を検事総長に告発
【平成19年11月に名古屋地裁で有罪判決】
　（判決内容）被告会社５社に１億円から２億円の罰金（総額７億円）、受注業務に従事していた者５名に対し懲役１年６月から３年（執行猶予３年から５年）
○　独立行政法人緑資源機構発注の地質調査・調査測量設計業務の入札談合事件
　　平成19年に地質調査・調査測量設計業者４名、受注業務に従事していた者５名、緑資源機構元理事１名、同元課長１名を検事総長に告発
【平成19年11月に東京地裁で有罪判決】
　（判決内容）被告４法人に４千万円から９千万円の罰金、受注業務に従事していた者５名に対し懲役６月から８月（執行猶予２年から３年）、緑資源機構元理事に懲役2年（執行猶予４年）、同機構元課長に懲役１年６月（執行猶予３年）
　なお、建設関係以外の入札談合に係る刑事告発事件としては、通知書貼付シール談合事件、水道メーター談合事件、石油製品談合事件があります。

(課徴金減免申請順位1位の事業者は刑事告発されないか)

Q 8-7 課徴金減免申請第1位の事業者等は刑事告発されない特典があるのですか。

A

　公正取引委員会は、平成17年の独占禁止法改正に併せ、刑事告発の方針を「独占禁止法違反に対する刑事告発及び犯則事件の調査に関する公正取引委員会の方針」と改正し、平成17年10月に公表しています。

　この方針では、積極的な刑事告発の方針に合わせ、課徴金減免制度の活用を図るため、公正取引委員会の調査開始前で、課徴金減免申請順位が第1位の事業者やその役員、従業員等に対する特典が設けられており、次の者については、刑事告発を行わないこととされています。

　ア　立入検査前に最初に課徴金免除の申請をした事業者(虚偽報告等の事実がある場合は除く。)

　イ　当該事業者の役員、従業員等であって、調査への対応等において、当該事業者と同等に評価すべき事情が認められる者

　(この方針に基づき、実際に刑事告発が行われなかった事例があります。)

(「不当な取引制限等の罪」の罰則の引上げ理由)

Q 8-8 平成22年1月から、不当な取引制限等の罪に係る自然人に対する罰則が、「5年以下の懲役又は500万円以下の罰金」に引き上げられましたが、その理由を教えてください。

A

　公正取引委員会は、入札談合等に対する厳正な運用を掲げていますが、入札談合事件は後を絶たず、事業者に対する罰則の強化のみならず、入札談合等を実際に担当した役員、従業員等に対する抑止力を確保することが必要であるほか、不当な取引制限等の罪の罰則は他の経済法令、外国の競争法との罰則の比較においても、低い水準にありました。

　このため、平成21年の独占禁止法改正において、私的独占、不当な取引制限、事業者団体による競争の実質的制限等の罪に係る罰則が、「3年以下の懲役又は500万円以下の罰金」から、「5年以下の懲役又は500万円以下の罰金」に引き上げられました。

他の経済関係法令及び諸外国競争法における自然人に対する懲役刑等の上限

法令等	金融商品取引法		特許法		不正競争防止法		米国・反トラスト法（カルテル等）	カナダ・競争法（カルテル等）
	インサイダー取引等	風説の流布等	特許権等みなし侵害	特許権等侵害	不正競争行為等	営業秘密の詐取等		
懲役等	5年	10年	5年	10年	5年	10年	10年	5年

> 一口メモ

　公正取引委員会の刑事告発事件では、裁判の結果、そのほとんどの被告人が執行猶予付きの刑が科されてきましたが、不当な取引制限等の罪に係る自然人に対する罰則が、「5年以下の懲役又は500万円以下の罰金」に引き上げられたことによって、今後は、実刑判決を受けるケースが増えると予測する向きがあります。

　これは、刑法25条に、3年以下の懲役の言渡し等を受けたときには、情状により、その執行を猶予することができる旨の規定がありますが、罰則が「5年以下の懲役」に引き上げられたことにより、刑の言渡しが3年を超えるケースが増えることが考えられるためです。

9　損害賠償請求等

（入札談合等を行った事業者に対する損害賠償請求）

Q 9-1 入札談合等の独占禁止法違反の事業者に対する損害賠償請求訴訟は、どのように提起されるのですか。

A

　独占禁止法違反の事業者に対する損害賠償請求は、独占禁止法25条に基づく場合と民法709条に基づく場合があります。

　独占禁止法25条に基づく訴訟は、排除措置命令、課徴金納付命令又は審決が確定した後でなければ、裁判上損害賠償の請求権を主張できず、事業者又は事業者団体は、故意、過失の有無にかかわらず損害賠償の責任を免れることはできません（無過失損害賠償責任）。

　入札談合等により生じた損害については、独占禁止法25条や民法709条に基づき発注機関である国、地方自治体等が原告となって損害賠償請求訴訟が提起されます。

　入札談合等の独占禁止法違反については、平成14年に地方自治法が改正される以前は、地方公共団体の住民が、その地方自治体に代位して損害賠償を求める事例も見られましたが、改正後は、住民が、入札談合を行った事業者に損害賠償を請求することを地方自治体に求める履行請求訴訟制度が創設されたことなどにより、国、地方公共団体等の発注機関が入札談合を行った事業者に対し違約金や損害賠償を請求する事例が多くなっています。

（入札談合による損害額に係る裁判所の判断）

Q9-2 独占禁止法違反に係る損害賠償請求訴訟の判決は、発注機関の損害額をどのように認定しているのですか。

A

　入札談合等により生じた損害額（談合の場合は契約価格の上昇分）については、従来、被害者による損害額の立証が困難であるとの問題がありました。公正取引委員会は、競争秩序回復を促進するとの立場から、独占禁止法25条による損害賠償請求訴訟の活用を支援するため、裁判所等の求めに応じて提出する損害額の算定方法について、「入札談合については、談合による落札価格と談合がなければ存在したであろう落札価格の差額を損害額と見る」ことなどを内容にした基準を公表しています。

　その後、民事訴訟法の改正により、裁判所が、口頭弁論の全趣旨及び証拠調べの結果に基づき、相当な損害額を認定することができる（民事訴訟法248条）ようになりました。

　これにより、入札談合事件では、裁判所が民事訴訟法248条に基づき相当な損害額を認定しており判例の蓄積が進んでいます。確定した判決では、事案による違いはありますが、概ね、契約金額の5から10パーセントの損害額が認定されています。

【注】：損害額の認定
　　（民事訴訟法248条）
　　　損害が生じたことが認められる場合において、損害の性質上その額を立証することが極めて困難であるときは、裁判所は、口頭弁論の全趣旨及び証拠調べの結果に基づき、相当な損害額を認定することができる。

Ⅰ 独占禁止法　9　損害賠償請求等

(参考) 民事訴訟法第248条の適用により損害額が算定された判決例

番号	事 件 名	損 害 額
1	奈良県デジタル計装事件【確定】 平成11年10月20日（奈良地裁判決）	契約額の5％ (計45,710,000円)
	平成13年3月8日（大阪高裁判決）	契約額の5％ (計40,400,000円)
2	日本下水道事業団事件（鳥取県委託）【確定】 平成12年3月28日（鳥取地裁判決）	契約額の10％ (計15,089,500円)
	平成13年10月12日（広島高裁松江支部判決）	契約額の5％) (計8,344,750円)
3	日本下水道事業団事件（四日市市委託）【確定】 平成13年3月29日（津地裁判決）	契約額の7％ (計15,357,300円)
4	日本下水道事業団事件（三重県委託）【確定】 平成13年3月29日（津地裁判決）	契約額の7％ (計54,433,950円)
5	四日市市鋳鉄管事件【確定】 平成13年7月5日（津地裁判決）	契約額の10％ (計13,078,948円)
6	愛知県デジタル計装事件【確定】 平成13年9月7日（名古屋地裁判決）	契約額の5％ (計48,513,000円)
7	日本下水道事業団事件（名古屋市委託）【確定】 平成13年9月7日（名古屋地裁判決）	契約額の5％（既設物件） 契約額の8％（既設物件以外） (計56,928,100円)
8	日本下水道事業団事件（島根県委託）【確定】 平成13年9月19日（松江地裁判決）	契約額の5％ (計26,949,950円)
9	神奈川県座間市発注土木及び舗装工事【確定】 平成14年4月24日（横浜地裁）	(現実の落札価格)－(入札予定価格より3％低い額) (計1,491,000円)
10	群馬県及び沼田市発注土木工事等【確定】 平成15年6月13日（前橋地裁判決）	契約額の5％ (計305,037,925円)
11	倉敷市下水道工事【確定】 平成16年4月14日（岡山地裁判決）	契約額の15％ (計26,775,000円)
	平成17年4月21日（広島高裁岡山支部判決） 平成18年11月24日（最高裁決定）	契約額の5％ (計8,925,000円)
12	京都市ごみ焼却場談合住民訴訟【確定】 平成17年8月31日（京都地裁判決）	契約額の5％ (計1,144,500,000円)

I 独占禁止法　9　損害賠償請求等

番号	事　件　名	損　害　額
	平成18年9月14日（大阪高裁判決）	契約額の8％ （計1,831,200,000円） 　本件は、公取委見解（H17法改正時の資料）にいう売上額の8％以上の不当利得額が存在するとされる「約9割の事件」に含まれるとする。
13	福井県公園施設工事【確定】 平成18年1月25日（福井地裁判決）	契約額の5％ （計15,106,615円）
14	町田市土木一式工事、建築一式工事及びほ装工事【確定】 平成18年1月27日（東京高裁判決）	契約額の5％ （計343,420,707円）
	平成19年3月23日（東京高義判決）	契約額の5％ （計6,894,037円）
15	村田町町道川畑東山線改良工事等【確定】 平成18年2月21日（仙台地裁判決）	契約額の5％ （計2,260,000円）
16	高槻市上水道本管工事【確定】 平成18年2月22日（大阪地裁判決）	契約額の8％ （計32,370,324円）
17	福岡市ごみ焼却場談合住民訴訟【確定】 平成18年4月25日（福岡地裁判決） 平成19年11月30日（福岡高裁判決） 平成21年4月23日（最高裁決定）	契約額の7％ （計2,088,016,000円）
18	多摩ニュータウンごみ焼却場談合住民訴訟【確定】 平成18年4月28日（東京地裁判決） 平成18年10月19日（東京高裁判決） 平成19年4月24日（最高裁決定）	契約額の5％ （計1,286,470,000円）
19	横浜市ごみ焼却場談合住民訴訟【確定】 平成18年6月21日（横浜地裁判決） 平成20年3月18日（東京高裁判決） 平成21年4月23日（最高裁決定）	契約額の5％ （計3,017,900,000円）
20	豊栄市ごみ焼却場談合住民訴訟【確定】 平成18年9月28日（新潟地裁判決） 平成19年8月29日（東京高裁判決） 平成19年12月25日（最高裁決定）	3回目の入札金額の5％から随意契約時に値引きした額を引いた額 （計48,925,000円）

番号	事件名	損害額
21	神戸市ごみ焼却場談合住民訴訟【確定】 平成18年11月16日（神戸地裁判決）	契約額の5％ （計1,364,750,000円）
	平成19年10月30日（大阪高裁判決） 平成21年4月23日（最高裁決定）	契約額の6％ （計1,637,700,000円）
22	八王子市公共下水道入札談合住民訴訟【係属中】 平成18年11月24日（東京地裁判決）	契約額の5％ （計198,082,500円）
	平成20年7月2日（東京高裁判決）	契約額の3％ （計73,190,250円）
23	北海道上川支庁農業土木工事住民訴訟【確定】 平成19年1月19日（札幌地裁判決）	契約額の5％ （計39,234,562円）
24	東京都ごみ焼却炉住民訴訟【係属中】 平成19年3月20日（東京地裁判決） 平成21年5月12日（東京高裁判決）	契約額の5％ （計9,777,583,350円）
25	町田市公共下水道入札談合住民訴訟【係属中】 平成19年7月26日（東京地裁判決） 平成21年5月21日（東京高裁判決）	契約額の5％ （計463,741,000円）
26	立川市公共下水道入札談合住民訴訟【係属中】 平成19年10月26日（東京地裁判決）	予定価格と現実の落札価格の差額の消費税相当分の5％　（計176,715,000円）
	平成21年5月28日（東京高裁判決）	工事予定価格の4.69％に相当する金額に5％の消費税相当額を加えた金額 工事予定価格の1.1725％に相当する金額に5％の消費税相当額を加えた金額 （計71,317,455円）
27	いわき市ごみ焼却施設住民訴訟【確定】 平成20年1月20日（福島地裁）	契約額の5％ （計1,127,700,000円）

(独占禁止法違反行為に係る差止請求訴訟制度とは)

Q9-3 独占禁止法違反に対する差止請求訴訟制度について教えてください。

A

　独占禁止法違反行為の差止請求制度は、平成12年の独占禁止法改正で盛り込まれたものですが、直接の被害者の迅速な救済のため、私人による裁判所への独占禁止法違反行為の差止請求を認めたものです（24条）。

　差止請求の対象となる行為は、事業者又は事業者団体による不公正な取引方法に限られています。これは、私的独占や不当な取引制限が、一定の取引分野における競争を実質的に制限することを要件としており、立証がかなり難しいのに対し、不公正な取引方法に係る行為の立証は、比較的容易であると考えられたためだといわれています。

　ただし、不公正な取引方法の差止請求は、「著しい損害を生じ、又は生ずるおそれがあるとき」は行うことができますが、差止の強力さやその影響の大きさという特性があることから高度の違法性を要すると考えられています。

　最近、私人による差止請求訴訟はかなりの数が提起されています。建設業関係においても、取引拒絶、不当廉売、優越的地位の濫用、取引妨害などの不公正な取引方法による被害者は、差止請求を行うことができます。

10　独占禁止法違反の建設業者に対する建設業法上の監督処分等について

（独占禁止法違反の建設業者に対する建設業法による処分）

Q 10-1　独占禁止法に違反した建設業者は、建設業法でどのような処分を受けるのでしょうか。

A

　建設業者が、その業務に関して入札談合などで独占禁止法に違反し、建設業者として不適当であると認められるときは、建設業法28条、29条の規定に基づき、国土交通大臣又は都道府県知事から指示処分、営業停止処分又は許可の取消の監督処分を受けることになります。

　国土交通省は、監督処分基準を平成20年3月に見直し、公共工事に関する

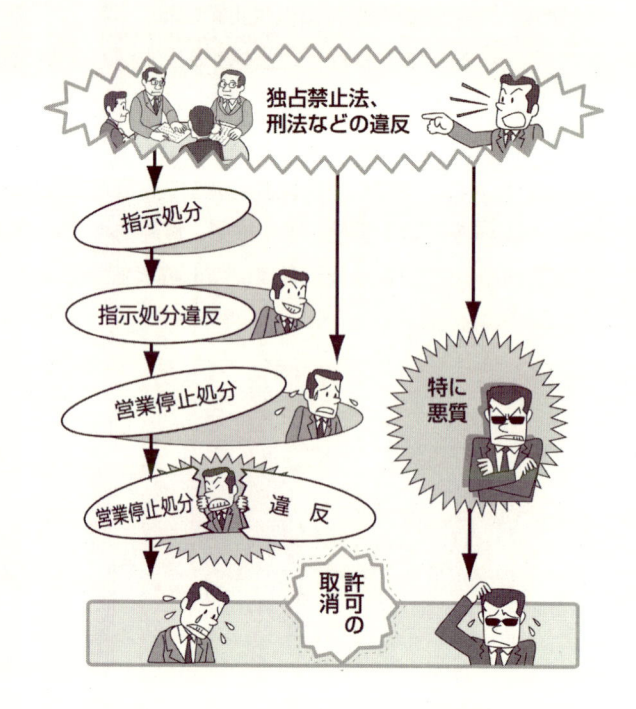

Ⅰ 独占禁止法　10　独占禁止法違反の建設業者に対する
　　　　　　　　　　建設業法上の監督処分等について

　入札談合などの不正行為を効果的に防止するため、公共工事に関する違反事業者に対しては、より長期の営業停止期間を設定しています。
　ちなみに、独占禁止法違反の入札談合を行った建設業者は、原則30日以上、最高１年間の営業停止処分を受けることになります。

独禁法違反の入札談合では、30日以上、最高１年の営業停止処分。

(独占禁止法違反事業者に対する指名停止等の措置)

Q10-2 発注機関は、独占禁止法違反の事業者に対し、どの程度の期間の指名停止等の措置を採るのでしょうか。

A

　公共工事のほとんどが競争入札により発注されますが、入札参加事業者が独占禁止法違反行為を行ったり、刑法の談合罪などで起訴されたときなどには、最短1ヵ月から最長36ヵ月の入札参加停止を受けます。

　国、地方公共団体等の発注機関は、中央公共工事契約制度運用連絡協議会が定めた「工事請負契約に係る指名停止等の措置要領　中央公共工事契約制度運用連絡協議会モデル」に準拠して、指名停止又は入札参加停止(以下「指名停止等」という。)を行います。

　なお、上記モデルの「運用申合せ」により、課徴金減免制度の適用を受けた事業者に対する指名停止期間は、同制度の適用がなかったと想定した場合の期間の2分の1の期間とされています。

11 独占禁止法のコンプライアンス

(独占禁止法コンプライアンス実施のメリット)

Q 11-1 独占禁止法のコンプライアンスを実施するメリットを教えてください。

A

　入札談合などに対する社会的非難が高まり、公益通報者保護法が施行され、独占禁止法の課徴金減免制度（リーニエンシー）が導入されるなど、入札談合等が発覚する可能性は高まっています。入札談合等により独占禁止法に違反した事業者は、課徴金納付命令のほか、発注者からの違約金の請求、指名停止等、建設業法に基づく監督処分などにより、企業は莫大な損失を被ることになります。上場企業であれば、経営者に対して経営責任を問う株主代表訴訟が提起されることもあります。

　このようなことへの「リスク管理」として、独占禁止法のコンプライアンス体制を整備し、独占禁止法のコンプライアンスを実施することは大きなメリットがあります。

　また、独占禁止法は、競争を維持、促進するために私的独占、不当な取引制限及び不公正な取引方法を禁止行為の柱としていますが、その規定の中には抽象的な規定が少なくありません。このため、規制する側の公正取引委員会は、極力、指針や考え方などのガイドラインを設け違反行為の明確化を図っていますが、それでも理解が難しい面もありますので、規制される側の企業も独占禁止法違反行為を未然に防止するための自主規制等を設けて実施することが不可欠です。

(1) リスクエッグ

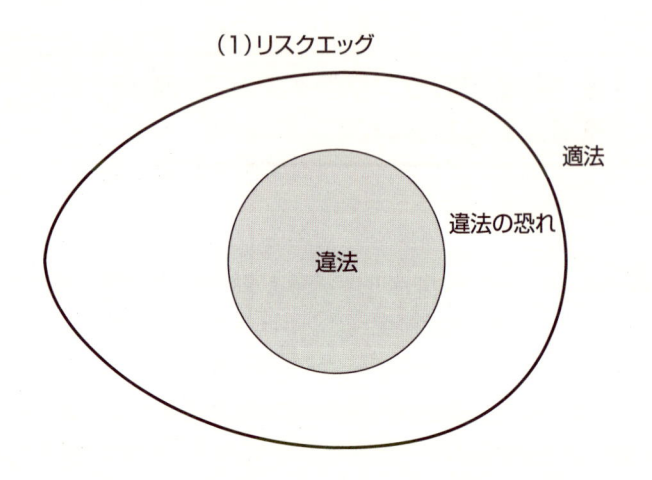

適法
違法の恐れ
違法

(2) リスクエッグの破裂（リスクの発生）

リスクの発生

（独占禁止法コンプライアンスの必要性）

Q 11-2 独占禁止法のコンプライアンスの必要性が高まってきた理由を教えてください。

A

　コンプライアンスの必要性が高まった理由として、10年ほど前から安全性や自由経済の基盤を脅かす企業の不祥事が相次いでいることがあります。また、経済がグローバル化して、国際競争の時代に入ったこと、インターネットの普及等により情報化が進展したことから、情報の透明性・明確性が求められるようになったこと、雇用が流動化したことなどがあげられます。このような時代の流れの中で、行政指導を中心とした事前規制型社会から違反行為の規制を中心とした事後規制型社会に社会も変化しました。

　建設業界では、平成17年12月にゼネコン等による「脱談合宣言」が行われ、入札談合を未然に防止する観点等から、入札契約制度がより競争的なものに改められ、国、地方公共団体等により、不正行為等に対しては厳格な処分が行われるようになりました。入札談合等の独占禁止法違反事業者には指名停止等が厳格に行われ、高額な課徴金、違約金及び損害賠償のリスクを負うことになりました。

　このようなことから、企業においては、入札談合等の独占禁止法違反行為を未然に防止し、違反行為を早期に発見するために、また、違反情報に接したときの適切な対応策として、独占禁止法のコンプライアンスの必要性が高まっています。

(独占禁止法コンプライアンス・プログラム)

Q 11-3 独占禁止法のコンプライアンス・プログラムはどのような内容にすることが必要でしょうか。

A

　独占禁止法のコンプライアンス・プログラムは、企業の業種、業態などを考慮して策定する必要があります。建設業においても、総合建設業か専門工事業か、地質調査業か、測量業か、建設コンサルタント業か、設計業か、又は全国展開しているか、特定地域に限って事業を行っているかなどで、コンプライアンスに必要とされる内容は企業ごとに違いがあるべきです。

　独占禁止法のコンプライアンス・プログラムは、違反行為の未然防止、早期発見、違反情報に接したときの対応策として、最近では、次のような内容と体制が必要だといわれています。

① 経営トップによる基本方針（コンプライアンス経営の宣言と説明）
② 責任のある社内組織（経営トップおよび各部門の責任者で構成するコンプライアンス委員会の設置）
③ 企業行動指針又は倫理綱領の決定
④ 独占禁止法遵守マニュアル等の作成（違反行為を未然防止するための分かりやすいもの）
⑤ 相談窓口、内部通報窓口の設置（社内の違反行為情報に対する主体的・早期対応体制）
⑥ 内部監査（社内の違反行為情報を発見するための主体的・対応体制）
⑦ 社員研修体制（定期的な階層別の研修の実施）
⑧ 違反行為に対する責任の明確化（違反行為者に対する懲戒処分に関する社内規定の整備）
⑨ 不祥事対応マニュアルの作成（リスク発生時の対処方針）
⑩ 事後のフォローアップ（経常的な見直し）

Ⅰ　独占禁止法　11　独占禁止法のコンプライアンス

独禁法遵守マニュアルには社長自ら独禁法を遵守することを宣言すべきです。

社内に独禁法の遵守体制をつくって営業のあり方などについてチェックすることが重要です。

（独占禁止法のコンプライアンス実施上の留意点）

Q 11-4 独占禁止法のコンプライアンスを実施する際には、特にどのような点に留意する必要があるのでしょうか。

A

　独占禁止法のコンプライアンスを実施するに際し、より有効なものにするために、特に留意すべきことは、①経営トップによるコンプライアンス経営の基本方針の確立と説明、②相談窓口及び内部通報窓口の設置、③違反行為者に対する責任の明確化、④事後のフォローアップです。

　経営トップによるコンプライアンス経営についての確固たる方針と説明がなければ、コンプライアンスは絵に描いた餅になります。

　相談窓口は設置しても相談が無ければ意味がありませんし、内部通報窓口を設けても通報が無ければ意味がありません。相談したり、内部通報することがその企業にとって有益であることを役員、従業員等に認識させて、この仕組を機能させる必要があります。悪い情報こそがリスク管理に必要なものであり、企業はそれらに対して早期に、自主的に判断して是正措置等を講じることができますし、リスクを最小限にするため課徴金減免申請を行うこともできます。

　違反行為者に対する責任の明確化は、処罰規定を設けておくだけでなく、違反行為者に対して実際に処罰することが必要です。処罰規定を設けただけでは、抑止効果は期待できません。

　事後のフォローアップは、独占禁止法のコンプライアンス体制を続けるために不可欠です。法令は度々改正されますし、企業の対応が十分でなかった事例も発生します。コンプライアンス体制は、PDCAサイクル（リスクマネージメントサイクル）等による経常的な見直しが必要です。

```
       Plan
  ↗         ↘
Action  リスクマネジメント  Do
  ↖         ↙
      Check
```

一口メモ

トカゲは窮地に陥った際に、自ら尻尾を切り離して相手の目を逸らして逃げることから、「トカゲの尻尾切り」という言葉があるようです。企業が、談合事件などで行政処分を受けた際に、担当者の処分によってその場凌ぎをするのではなく、日ごろから、そのような事態にならないようコンプライアンスに取り組むことが大切です。

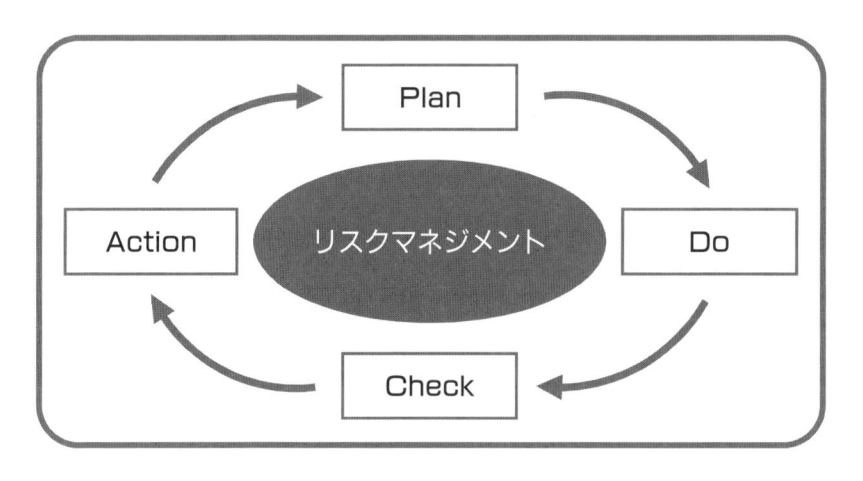

（中小企業における独占禁止法コンプライアンス）

Q 11-5 独占禁止法のコンプライアンスの取組みを大企業と同様に行うことが無理な場合、どのように考えたらよいでしょうか。

A

　企業の大小を問わず、取締役は、会社と委任関係にあり、会社法上の忠実義務若しくは民法上の善良なる管理者の注意義務があります。不祥事を起こさない、経済的損失を被らない、社会的批判を受けないようにすることは取締役の責務です。中小企業は、人員、資金面で大企業と同じレベルのコンプライアンスを実施することは困難な面もありますが、できる範囲で実施すべきです。

　一方、中小企業は、経営トップの眼が全組織、全社員に届き易いことから、経営トップの自覚次第で、全体を見通し、きめ細かくコンプライアンスを実施することができるメリットもあります。

　公正取引委員会の「建設業におけるコンプライアンスの整備状況」と称する調査報告（平成19年5月）では、次のように総括していますので、これを参考にする等して取り組むことが必要です。

> 「中小企業については、法令遵守に係る体制の整備及び実質的な取組ともに極めて不十分な状況にある。コンプライアンス・マニュアルの策定、コンプライアンス担当者の設置等比較的負担感の少ない事項については積極的な対応も可能と考えられるほか、外部研修を活用する等の工夫が求められる。
> 　建設業界においては、入札談合について、個々の企業を超えた問題であるとの意識が強い状況にあったが、業界の取組と個々の企業の取組が一体となってコンプライアンスの向上につながることが期待される。」

12　その他

(事業者団体ガイドラインの目的、概要)

Q 12-1　「事業者団体ガイドライン」の設定目的とその概要を教えてください。

A

　事業者団体ガイドライン（事業者団体の活動に関する独占禁止法上の指針）は、事業者団体の独占禁止法違反行為の未然防止を図り、適正な活動に役立てる目的の下に、昭和54年に策定され、以来、関係者に活用されてきました。その後、社会経済状況の変動に伴い事業者団体の活動内容も変化し、国際的に調和の取れたものにすることが求められたことなどから、同ガイドラインを全部改正することとなり、新たな審決例、相談事例などを加え、事業者団体ガイドライン（事業者団体の活動に関する独占禁止法上の指針）が改定され、平成7年10月30日に公表されました。

　この事業者団体ガイドラインの概要は、第1では、禁止行為、違反に対する措置などが示され、第2の参考例において、具体的形態や手段・方法ごとに「原則として違反になる」、「違反となるおそれがある」、「原則として違反とならない」ものが示されています。

　具体的形態や手段・方法としては、価格制限行為、数量制限行為、顧客・販路等の制限行為、設備又は技術の制限行為、参入制限行為等、不公正な取引方法、品種、品質、規格等に関する行為、営業の種類、内容、方法等に関する行為、情報活動、経営指導、共同事業、公的規制、行政等に関連する行為に分かれています。

　なお、事業者団体ガイドラインは、事業者団体の個々の具体的な活動が独占禁止法上問題となるか否かの判断は、事業者団体にとって容易でないこともあるため、「事前相談制度」を取り入れて、「事前相談制度」に基づく事業者団体からの個別相談に応じることとしています（「事前相談制度」は、公正取引委員会の取引部取引企画課相談指導室が担当）。

また、事業者団体ガイドラインの基本的考え方は、入札ガイドライン（公共的な入札に係る事業者及び事業者団体の活動に関する独占禁止法上の指針）にも取り入れられています。

２つのガイドラインをよく理解して事業活動を行いましょう。

（事業者や事業者団体による独占禁止法の事前相談）

Q12-2 事業者や事業者団体が実施しようと考えている活動について、その内容が独占禁止法上問題があるか否か、事前に公正取引委員会に照会することは可能でしょうか。

A

　公正取引委員会は、事業者団体ガイドラインに基づき、事業者団体からの事業活動に係る独占禁止法上の問題について相談に応じるため「事前相談制度」を設けています。このほか公正取引委員会は、一般的相談について、独占禁止法違反行為を未然に防止するため、事業者、事業者団体がこれから行うとする具体的な行為に係る独占禁止法上の問題の有無等について相談を受け付け、回答しています。

　公正取引委員会の相談窓口は、独占禁止法についての一般的相談は、官房総務課、入札談合等関与行為防止法についての一般的相談は、経済取引局総務課、事業者団体の活動、入札ガイドラインについての一般的相談は、同相談指導室、課徴金減免に係る報告相談は、課徴金減免管理官です。

　また、公正取引委員会の各地方事務所・支所及び沖縄総合事務局総務部公正取引室にも、これらについての相談窓口があります。

　なお、相談内容等が、相談者の意に反して公表されることはありません。

II 官製談合防止法

(官製談合防止法制定の背景・目的)

Q1 官製談合防止法制定の背景・目的を教えてください。

A

　官製談合を防止する法律の制定が必要と考えられた直接のきっかけは、発注機関が入札参加業者に対して受注業者に関する意向を提示し、それに基づき入札談合が行われた平成12年の北海道上川支庁発注の農業土木工事談合事件でした。

　これ以前にも、発注機関が入札談合に深く関与していた平成7年の日本下水道事業団発注の電気設備工事談合事件、平成9年の首都高速道路公団発注の建築工事談合事件、平成11年の住宅都市整備公団中部支社発注の塗装工事談合事件があり、公正取引委員会はこれらの官製談合について、その都度、発注機関に改善措置を要請しましたが、法律に基づくものではなかったことから実効性に疑問がありました。

　発注機関のこのような行為は、公正な競争を阻害し、入札制度を否定するだけでなく、予算の適正な執行を阻害するという問題があり、事業者側からは、自分たちは処分を受けるのに、入札談合等関与行為を行った発注機関の職員は何の処分もされず不公平だという強い不満が出されていました。

　そこで、このような官製談合を防止するため、平成13年3月に「与党入札談合の防止に関するプロジェクトチーム」が設けられ、18回の会合が開催され、多数の関係組織からヒヤリングや検討が行われ、議員立法として法案が作成され、平成14年7月24日に「入札談合等関与行為の排除及び防止に関する法律」が成立し、平成15年1月6日から施行されたものです。

　その後、官製談合防止法は、平成18年12月8日の改正時に、「入札談合等関与行為の排除及び防止並びに職員による入札等の公正を害すべき行為の処罰に関する法律」と改められ、平成19年3月14日から施行されています。

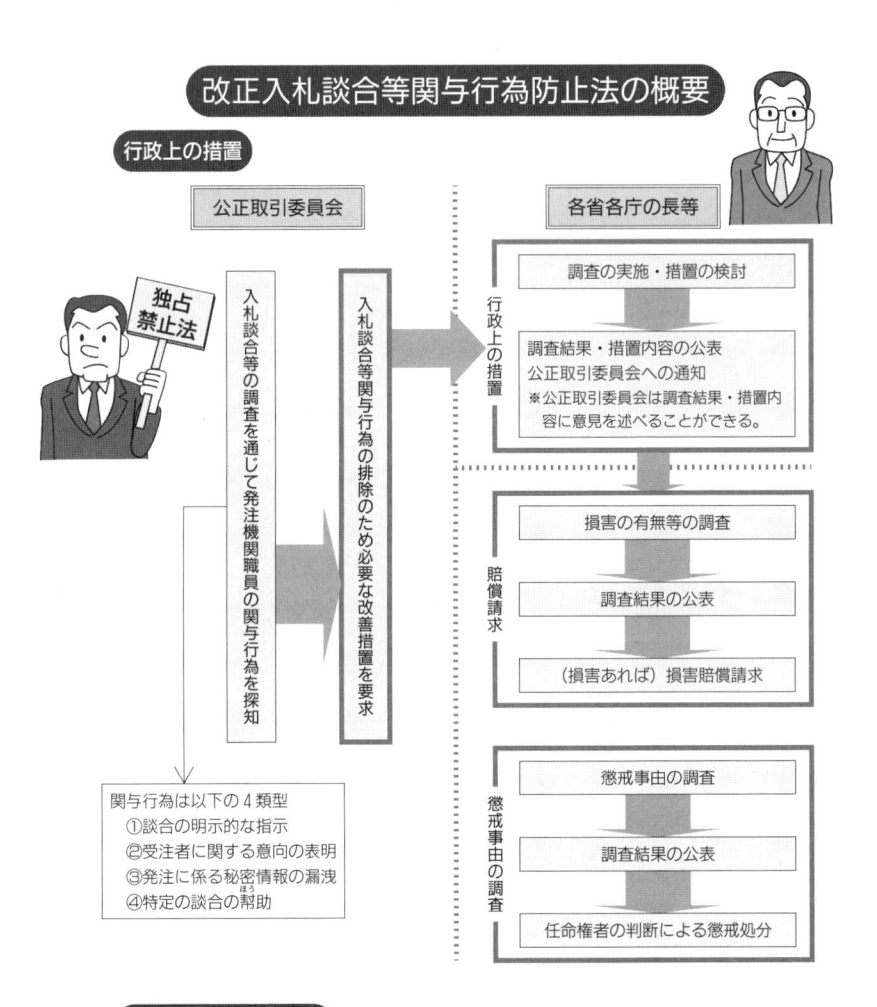

II 官製談合防止法

改正入札談合等関与行為防止法の概要

行政上の措置

公正取引委員会

入札談合等の調査を通じて発注機関職員の関与行為を探知

入札談合等関与行為の排除のため必要な改善措置を要求

関与行為は以下の4類型
①談合の明示的な指示
②受注者に関する意向の表明
③発注に係る秘密情報の漏洩
④特定の談合の幇助

各省各庁の長等

行政上の措置
- 調査の実施・措置の検討
- 調査結果・措置内容の公表 公正取引委員会への通知
  ※公正取引委員会は調査結果・措置内容に意見を述べることができる。

賠償請求
- 損害の有無等の調査
- 調査結果の公表
- (損害あれば) 損害賠償請求

懲戒事由の調査
- 懲戒事由の調査
- 調査結果の公表
- 任命権者の判断による懲戒処分

職員に対する刑罰規定

　発注機関の職員が、発注機関が入札により行う契約の締結に関し、その職務に反し、談合を唆すこと、予定価格その他の入札に関する秘密を教示すること又はその他の方法により、当該入札の公正を害すべき行為を行ったときは、5年以下の懲役又は250万円以下の罰金に処されることになります。

149

(平成18年の官製談合防止法改正のポイント)

Q2 官製談合防止法が平成18年に改正されましたが、そのポイントを教えてください。

A

　官製談合防止法施行後、平成15年に岩見沢市発注の建設工事官製談合事件、平成16年に新潟市発注の建設工事官製談合事件、平成17年に日本道路公団発注の鋼橋上部工事官製談合事件、平成17年に新東京国際空港公団発注の電気工事官製談合事件、平成18年に防衛施設庁発注の建設工事官製談合被疑事件が続発しました。

　このため、再び与党によるワーキングチームが設けられ、議員立法として改正法案が作成され、平成18年12月8日に「入札談合等関与行為の排除及び防止並びに職員による入札等の公正を害する行為の処罰に関する法律」が成立し、平成19年3月14日から施行されました。

　平成18年の改正法の主な改正ポイントは、次のとおりです。

　ア　入札談合等関与行為に特定の談合の幇助行為の追加

　　　入札談合等関与行為は、従来、①談合の明示的な指示、②受注者に関する意向の表明、③発注者に係る秘密情報の漏洩に限定されていましたが、新たに④特定の談合の幇助が追加されました。特定の談合の幇助行為は、入札談合を容易にするための事業者からの依頼に基づく特定事業者への指名、分割発注、発注基準の変更等ですが、これらの行為を改正前の「入札談合等関与行為」にそのまま当てはめることが困難だったため、官製談合防止法の適用範囲が広げられたものです。

　イ　入札談合に関与した職員に対する損害賠償請求、懲戒に関する調査結果の公表を義務付け

　　　発注機関は、入札談合等関与行為を行った職員に損害賠償責任の有無の調査、懲戒処分をすることができるか否か等の調査を行うことが義務付けられていましたが、法改正により、これらの調査結果の公表も義務付けられました。これにより発注機関のより適切な対応が期待されてい

ます。
ウ　職員による「入札等の妨害の罪」の新設
　発注機関の職員が、その職務に反して、談合を唆したり、予定価格等の秘密を教示したり、又はその他の方法で「入札の公正を害すべき行為」を行ったときは、5年以下の懲役又は250万円以下の罰金に処せられることになりました。これは、入札等の公正を害すべき行為を行った職員の職務違背性・非違性に着目して、刑罰で処罰することとされたもので、公正取引委員会の入札談合の調査とは無関係に司法当局が独自に探知し、調査して処罰するものです。

(官製談合防止法の適用対象)

Q3 官製談合防止法の対象を教えてください。

A

官製談合防止法が対象としている発注機関は、次のとおりです。
① 国
② 地方公共団体
③ 国又は地方公共団体が資本金の2分の1以上を出資している法人
④ 特別法で設立された法人のうち、国又は地方公共団体が法律により、発行済株式総数又は総株主の議決権の3分の1以上の株式の保有を義務付けられている株式会社(政令により、日本電信電話㈱及び日本郵政㈱を除く。)

なお、③に該当する、国が資本金の2分の1以上を出資している法人は、政府関係機関、独立行政法人、国立大学法人などで、平成22年1月現在で212法人です(出典:会計検査院ホームページ)。

(入札談合等関与行為とは)

Q4 入札談合等関与行為とはどのような行為か教えてください。

A

入札談合等関与行為とは、発注機関の職員が、入札談合等に関与する行為で、①談合の明示的な指示、②受注者に関する意向の表明、③発注者に係る秘密情報の漏洩、④特定の談合の幇助の4類型で、官製談合防止法2条5項1号から4号において定められています。

「発注機関の職員」には、国務大臣、首長が含まれ、OBは含まれません。

また、議員や秘書も職員には含まれませんが、議員や秘書の口利きなどの行為には、別にあっせん利得処罰法「公職にある者等のあっせん行為による利得等の処罰に関する法律」が適用されます。

(「談合の明示的な指示」とは)

Q5 法2条5項1号の「談合の明示的な指示」とはどのようなことですか。

A

「談合の明示的な指示」とは、事業者又は事業者団体に入札談合等を行わせることです。

例えば、発注機関の担当職員が、事業者の会合に出席し、事業者ごとの年間受注目標額を提示し、その目標を達成するように調整を指示することです。

具体的事例としては、平成15年の岩見沢市発注の建設工事（土木、造園、建築、管、舗装、電気）官製談合事件、平成17年の日本道路公団発注の鋼橋上部工事官製談合事件、平成20年の札幌市発注の下水処理施設電気設備工事官製談合事件があります。

発注機関から事業者への説明会

事業者の会合に出席して、事業者ごとの年間受注目標額を示すことは、談合の明示的な指示に当たります。

II　官製談合防止法

（「受注者に関する意向の表明」とは）

Q6 法2条5項2号の「受注者に関する意向の表明」とはどのようなことですか。

A

「受注者に関する意向の表明」とは、契約の相手方となるべき者（受注予定者）をあらかじめ指名すること、特定の者を契約の相手方となるべき者として希望する旨の意向をあらかじめ教示、示唆することです。

例えば、事業者の働きかけに応じて、発注機関の担当職員が受注者を指名、あるいは受注を希望する事業者名を示唆することです。

具体的事例としては、平成19年の国土交通省発注の特定ダム用水門設備工事官製談合事件、平成20年の札幌市発注の下水処理施設電気設備工事官製談合事件があります。

（OB等が間に入る場合）

〇〇の建設工事はP建設でいくことにしました。
わかりました。早速伝えます。
発注機関の職員
OB等

（事業者に直接伝える場合）

〇〇の建設工事は御社でお願いします。
ありがとうございます。頑張ります。
事業者

(「発注者に係る秘密情報の漏洩」とは)

Q7 法2条5項3号の「発注者に係る秘密情報の漏洩」とはどのようなことですか。

A

「発注者に係る秘密情報の漏洩」とは、入札又は契約に関する情報のうち、特定の事業者又は事業者団体が知ることによりこれらの者が入札談合等を行うことが容易となる情報であって、秘密として管理されているものを、特定の者に教示、示唆することです。「秘密として管理されているもの」とは、本来事業者に対して公開していない、指名委員会資料、予定価格などです。

例えば、発注機関の担当職員が、第三者の求めに応じて、本来公開していない予定価格を漏洩することです。

具体的事例としては、平成16年の新潟市発注の建設工事（下水管きょ推進工事、同開削工事、建築工事）官製談合事件、平成17年の日本道路公団発注の鋼橋上部工事官製談合事件があります。

○○の建設工事の予定価格は○○億円にしました。

発注機関の職員

わかりました。ありがとうございます。

OB等

公表されていない予定価格を漏らすことは、関与行為に当たります。

(「特定の談合の幇助」とは)

Q8 法2条5項4号の「特定の談合の幇助」とはどのようなことですか。

A

「特定の談合の幇助」とは、特定の入札談合等に関し、事業者、事業者団体又はその他の者から明示若しくは黙示の依頼を受け、又はこれらの者に自ら働きかけ、かつ、当該入札談合等を容易にする目的で、職務に反し、入札に参加する者として特定の者を指名し、又はその他の方法により、入札談合等を幇助することです。

例えば、発注機関の職員が、事業者からの明示、黙示の依頼を受け、特定の入札談合等を容易にするため、入札参加事業者を数グループに分けて、グループごとに指名するよう契約課に指示すること、特定の事業者を入札参加者として指名すること、事業者の作成した割付表を承認すること、分割発注の実施、発注基準の変更することにより入札談合を幇助することです。

具体的事例としては、平成22年の青森市発注の土木一式工事官製談合事件があります。

（地域優先発注や分割発注等に係る発注者の留意点）

Q9 地域優先発注や分割発注、仕様書の記載方法について、発注者が注意すべきことはどのようなことでしょうか。

A

　一定の政策目的の下で行われる地域優先発注や分割発注は、職務に反し、入札談合等を容易にする目的で行われるものではないので本法の対象外です。しかし、そのような発注方法の設定に伴って、入札談合等関与行為が行われた場合には、法2条5項各号のいずれかに該当することになります。

　例えば、特定の入札談合を容易にする目的で分割発注が行われれば、入札談合等関与行為に当たります。また、仕様書に特定銘柄を記載して、事業者団体等に対して、仕様書に記載された銘柄の事業者に落札させるように調整を指示することも、入札談合等関与行為に当たります。

　地方公共団体が、地域産業の保護育成のため、地元の事業者に優先的に発注することがあります。地元事業者の保護育成も必要なことですが、公正かつ自由な競争の確保にも配慮する必要があります。地域要件を設定するに当たっては、地域の事業者数を考慮して、公正な競争が確保できるように応札可能者数を多数にする必要があります。また、地域優先発注は、受注機会を付与するものですので、受注自体を付与することにならないように注意が必要です。

　行き過ぎた地域要件の設定及び過度の分割発注について（H11・12・27公取・建設省の要請）の要旨
1　競争の確保に十分配慮。
2　地域要件を満たす建設業者の中に施工能力がない場合には、地域要件を設定しないか、緩和すること。
3　分割発注は、工程面から適切かどうか検討して行うこと。

（改善措置要求）

Q10 入札談合等関与行為があった場合、公正取引委員会はどのような措置を採るのでしょうか。

A

　公正取引委員会は、事業者の入札談合事件の調査結果、発注機関の職員に入札談合等関与行為がある、又はあったと認めるときは、発注機関の長に対し、入札談合等関与行為を排除するために必要な改善措置を講じるように文書で求めます（改善措置要求）。

　改善措置要求の内容は、発注機関の職員の入札談合等関与行為の事実を明らかにし、違反法条を示し、今後同様の行為が生じないよう、入札談合等関与行為が排除されたことを確認するために必要な措置を講じること等です。

　発注機関の長は、必要な調査を行い、関与行為があり又はあったことが明らかになったときは、必要な改善措置を講じることになりますが、講じた改善措置の内容は公正取引委員会に通知することになります。公正取引委員会は、この通知を受けた場合に、発注機関の調査結果に重大な食い違いがあるときなど、特に必要があるときには、発注機関の長に対して意見を述べることができます。

（改善措置要求に対する発注機関の対応）

Q11 発注機関は、公正取引委員会からの改善措置要求についてどのように対応すればよいのでしょうか。

A

　公正取引委員会から改善措置要求を受けた発注機関は、自ら事実関係を調査し、入札談合等関与行為を排除し、又は排除されたことを確保するために必要な改善措置を講じることになります。

　調査に際しては、調査する職員を指定したり、調査委員会などを設置し、事実関係を調査した上で、再発防止のための措置を講じるとともに、発注機関に損害があったと認められるときは、入札談合等関与行為を行った職員に損害賠償責任があるか否かを調査し、さらに職員に対して懲戒処分をすることができるか否かを調査します。調査に際しては、公正取引委員会に資料の提出その他必要な協力を求めることができます。

　発注機関は、調査が終了したときは、その結果、改善の内容、職員に対する損害賠償、懲戒処分の有無等を公表することになります。

(「入札等の妨害の罪」)

Q12 発注機関の職員は、どのような場合に法8条の「入札等の妨害の罪」に問われるのでしょうか。

A

　発注機関の職員が、入札等により行う契約の締結に関し、その職務に反し、談合を唆すこと、予定価格等の入札等に関する秘密を教示すること、又はその他の方法により、当該入札等の公正を害すべき行為を行った場合には5年以下の懲役又は250万円以下の罰金に処せられます。

　この規定は、平成18年の独占禁止法改正により、官製談合の防止・排除の徹底を図るため、入札等の公正を害する行為を行った公務員等の職務違背性・非違性に着目して、これに刑罰を科すために新設されたものです。したがって、問題となる職員に、当該入札等に関する職務権限があり、かつ、その職務に違背していることが要件となります。

　また、刑法の競売入札妨害罪、談合罪の適用対象は、公の競売や入札に限られますが、入札談合等関与防止法は、特定法人も対象にしていますから、国、地方公共団体、特定法人の職員にも刑罰が科されることになります。

　なお、この規定は、入札等の公正を害する行為があれば足り、独占禁止法違反があることを前提にしたものではありませんので、公正取引委員会の調査とは無関係に、司法当局が独自に探知して調査することになります。

（発注機関が入札談合情報に接した場合の対応）

Q13 発注機関は、入札に際して談合の疑いがある場合には、どのように対処すればよいのでしょうか。

A

　入札契約適正化法（公共工事の入札及び契約の適正化の促進に関する法律）10条には、発注機関の長は、発注する公共工事の入札及び契約に関し、独占禁止法3条又は8条1号の規定に違反する行為があると疑うに足りる事実があるときは、公正取引委員会に対し、その事実を通知しなければならないとあります。

　また、同法に基づいた「公共工事の入札及び契約の適正化を図るための措置に関する指針」（平成18年5月閣議決定）では、発注機関の長は談合情報を得た場合等の取扱いについて、あらかじめ要領を策定し、職員に周知徹底するものとされ、要領においては、談合情報を得た場合の内部連絡、報告手順、公正取引委員会への通知手順などを定めるものとされています。これらの手順を定めるに当たっては、公正取引委員会の審査の妨げとならないように留意するものとされています。

　発注機関は、談合情報に接したときには、公正取引委員会の審査活動の妨げにならないよう、独自の調査等は最小限にして、談合情報を加工することなく、マスコミ情報も加えて公正取引委員会に通知して、公正取引委員会の審査を待つことが適当と考えられます。

II 官製談合防止法

談合情報対応マニュアルによる国土交通省の対応

```
談合情報等
   ↓
公正入札委員会
   ↓
┌──┴──┐
調査に値しない    調査に値する  →  公正取引委員会に通報
   │         ↓
   │       事情聴取
   │         ↓
   │    ┌────┴────┐
   │  談合の事実が確認   談合の事実が確認
   │    されない       される
   │      │         ↓
   │      │      事情聴取の結果を公
   │      │      正取引委員会に通報
   │      ↓
   │   誓約書の提出   →  誓約書の写しを公正
   │   注 意 喚 起        取引委員会に送付
   │      ↓
   │    入 札
   │      │  工事費内訳書の提出及び
   │      │  入札の実施
   │      ↓
   │   工事費内訳書の提出
   │   積算担当官によるチェック
   │      ↓
   │   ┌──┴──┐
   │  談合の事実が   談合の事実が
   │  確認されない   確認される
   │      │   必要に応じ再度事情聴取の実施
   ↓      │         ↓
入 札 執 行   │      入札執行の延期・入
   ↓      │      札執行の取り止め
落札者決定   落札者決定     ↓
                    入札結果を公正取
                    引委員会に通報
```

163

（改善措置要求が行われた事例）

Q14 公正取引委員会が、官製談合防止法に基づいて改善措置要求を行った事例を教えてください。

A

　官製談合防止法が施行された平成15年1月6日以降、公正取引委員会が、同法3条に基づき発注機関の長に改善措置要求を行った事例は、次の6件です。

改善措置要求年月日	発注機関	対象工事等	入札談合等関与行為	適用法条
H15・1・30	岩見沢市	建設工事（土木・造園、建築、管、舗装、電気）	岩見沢市の工事発注担当職員が、事業者ごとの年間受注目標額を設定し、事業者がこれを達成できるように団体の役員等に連絡し、談合を行わせた。	第2条第5項第1号
H16・7・28	新潟市	建設工事（下水管きょ推進工事、同開削工事、建築）	新潟市の発注担当職員が、事業者の求めに応じて、入札前に工事の設計金額を教示した。また、指名委員会提出資料を継続的に流出させた。	第2条第5項第3号
H17・9・29	日本道路公団	橋梁上部工事	日本道路公団の役員は、年度当初等に事業者から、工事別に落札予定者を選定した割付表の提示を受け、工事の前倒し発注・共同企業体方式の発注基準価格の引下げを実施することにより談合を行わせた。また、日本道路公団の職員は、事業者の要請に基づいて工事名・鋼重量・発注時期等の未公開情報を教示する等した。	第2条第5項第1号及び第3号

H19・3・8	国土交通省	特定ダム用水門設備工事・河川用水門設備工事)	国土交通省の特定職員は、同省のOBを通じて入札参加者の世話役から、当該工事の落札予定者について提示を受け、これを承認していたほか、その意向を世話役に伝達していた。	第2条第5項第2号
H20・10・29	札幌市	下水処理施設の電気設備工事	札幌市の特定職員は、当該工事の落札予定者についての意向を落札予定者に示していた。	第2条第5項第1号及び第2号
H22・4・22	青森市	土木一式工事	青森市の特定職員は、事業者から指名業者を3グループに分けた組合せにして指名するよう要請を受け、入札参加者間で受注調整が行われていることを認識しながら、同市契約課に3グループにするよう指示し、同課をして3グループでの指名業者の組合せを維持させた。	第2条第5項第4号

　このほか、次の事件については、入札談合等関与行為の事実は確認されたが、既に発注機関において改善措置が採られた若しくは発注機関が廃止される予定であるなどの理由から、公正取引委員会は、入札談合等関与行為の事実を指摘するにとどめています。

　○　平成19年の防衛施設庁発注の土木建築工事官製談合事件
　○　平成19年の独立行政法人緑資源機構発注の地質調査業務、測量設計業務官製談合事件

III 参考資料

1 私的独占の禁止及び公正取引の確保に関する法律(抜粋)

(昭和22年4月14日 法律第54号)
最終改正 平成21年6月10日(法律第51号)

(目的)
第1条 この法律は、私的独占、不当な取引制限及び不公正な取引方法を禁止し、事業支配力の過度の集中を防止して、結合、協定等の方法による生産、販売、価格、技術等の不当な制限その他一切の事業活動の不当な拘束を排除することにより、公正且つ自由な競争を促進し、事業者の創意を発揮させ、事業活動を盛んにし、雇傭及び国民実所得の水準を高め、以て、一般消費者の利益を確保するとともに、国民経済の民主的で健全な発達を促進することを目的とする。

(定義)
第2条 この法律において「事業者」とは、商業、工業、金融業その他の事業を行う者をいう。事業者の利益のためにする行為を行う役員、従業員、代理人その他の者は、次項又は第3章〔事業者団体〕の規定の適用については、これを事業者とみなす。

② この法律において「事業者団体」とは、事業者としての共通の利益を増進することを主たる目的とする2以上の事業者の結合体又はその連合体をいい、次に掲げる形態のものを含む。ただし、2以上の事業者の結合体又はその連合体であつて、資本又は構成事業者の出資を有し、営利を目的として商業、工業、金融業その他の事業を営むことを主たる目的とし、かつ、現にその事業を営んでいるものを含まないものとする。

一 2以上の事業者が社員(社員に準ずるものを含む。)である社団法人その他の社団
二 2以上の事業者が理事又は管理人の任免、業務の執行又はその存立を支配している財団法人その他の財団
三 2以上の事業者を組合員とする組合又は契約による2以上の事業者の結合体

③ ④ 〔略〕

⑤ この法律において「私的独占」とは、事業者が、単独に、又は他の事業者と結合し、若しくは通謀し、その他いかなる方法をもつてするかを問わず、他の事業者の事業活動を排除し、又は支配することにより、公共の利益に反して、一定の取引分野における競争を実質的に制限することをいう。

⑥ この法律において「不当な取引制限」とは、事業者が、契約、協定その他何らの名義をもつてするかを問わず、他の事業者と共同して対価を決定し、維持し、若しくは引き上げ、又は数量、技術、製品、設備若しくは取引の相手方を制限する等相互にその事業活動を拘束し、又は遂行することにより、公共の利益に反して、一定の取引分野における競争を実質的に制限することをいう。

⑦ ⑧ 〔略〕

⑨ この法律において「不公正な取引方法」とは、次の各号のいずれかに該当する行為をいう。

一 正当な理由がないのに、競争者と共同して、次のいずれかに該当する行為をすること。
　イ ある事業者に対し、供給を拒絶し、又は供給に係る商品若しくは役務の数量若しくは内容を制限すること。
　ロ 他の事業者に、ある事業者に対する供給を拒絶させ、又は供給に係る商品若しくは役務の数量若しくは内容を制限させること。
二 不当に、地域又は相手方により差別的な対価をもつて、商品又は役務を継続して供給することであつて、他の事業者の事業活動を困難にさせるおそれがあるもの
三 正当な理由がないのに、商品又は役務をその供給に要する費用を著しく下回る対価で継続して供給することであつて、他の事業者の事業活動を困難にさせるおそれがあるもの
四 自己の供給する商品を購入する相手方に、正当な理由がないのに、次のいずれかに掲げる拘束の条件を付けて、当該商品を供給すること。
　イ 相手方に対しその販売する当該商品の販売価格を定めてこれを維持させることその他相手方の当該商品の販売価格の自由な決定を拘束すること。

Ⅲ 参考資料

　ロ　相手方の販売する当該商品を購入する事業者の当該商品の販売価格を定めて相手方をして当該事業者にこれを維持させることその他相手方をして当該事業者の当該商品の販売価格の自由な決定を拘束させること。
五　自己の取引上の地位が相手方に優越していることを利用して、正常な商慣習に照らして不当に、次のいずれかに該当する行為をすること。
　イ　継続して取引する相手方（新たに継続して取引しようとする相手方を含む。ロにおいて同じ。）に対して、当該取引に係る商品又は役務以外の商品又は役務を購入させること。
　ロ　継続して取引する相手方に対して、自己のために金銭、役務その他の経済上の利益を提供させること。
　ハ　取引の相手方からの取引に係る商品の受領を拒み、取引の相手方から取引に係る商品を受領した後当該商品を当該取引の相手方に引き取らせ、取引の相手方に対して取引の対価の支払を遅らせ、若しくはその額を減じ、その他取引の相手方に不利益となるように取引の条件を設定し、若しくは変更し、又は取引を実施すること。
六　前各号に掲げるもののほか、次のいずれかに該当する行為であつて、公正な競争を阻害するおそれがあるもののうち、公正取引委員会が指定するもの
　イ　不当に他の事業者を差別的に取り扱うこと。
　ロ　不当な対価をもつて取引すること。
　ハ　不当に競争者の顧客を自己と取引するように誘引し、又は強制すること。
　ニ　相手方の事業活動を不当に拘束する条件をもつて取引すること。
　ホ　自己の取引上の地位を不当に利用して相手方と取引すること。
　ヘ　自己又は自己が株主若しくは役員である会社と国内において競争関係にある他の事業者とその取引の相手方との取引を不当に妨害し、又は当該事業者が会社である場合において、その会社の株主若しくは役員をその会社の不利益となる行為をするように、不当に誘引し、唆し、若しくは強制すること。

（私的独占又は不当な取引制限の禁止）
第3条　事業者は、私的独占又は不当な取引制限をしてはならない。
（特定の国際的協定又は契約の禁止）
第6条　事業者は、不当な取引制限又は不公正な取引方法に該当する事項を内容とする国際的協定又は国際的契約をしてはならない。
（排除措置）
第7条　第3条〔私的独占又は不当な取引制限の禁止〕又は前条の規定に違反する行為があるときは、公正取引委員会は、第8章第2節〔手続〕に規定する手続に従い、事業者に対し、当該行為の差止め、事業の一部の譲渡その他これらの規定に違反する行為を排除するために必要な措置を命ずることができる。
②　公正取引委員会は、第3条又は前条の規定に違反する行為が既になくなつている場合においても、特に必要があると認めるときは、第8章第2節に規定する手続に従い、次に掲げる者に対し、当該行為が既になくなつている旨の周知措置その他当該行為が排除されたことを確保するために必要な措置を命ずることができる。ただし、当該行為がなくなつた日から5年を経過したときは、この限りでない。
一　当該行為をした事業者
二　当該行為をした事業者が法人である場合において、当該法人が合併により消滅したときにおける合併後存続し、又は合併により設立された法人
三　当該行為をした事業者が法人である場合において、当該法人から分割により当該行為に係る事業の全部又は一部を承継した法人
四　当該行為をした事業者から当該行為に係る事業の全部又は一部を譲り受けた事業者
（課徴金、課徴金の減免）
第7条の2　事業者が、不当な取引制限又は不当な取引制限に該当する事項を内容とする国際的協定若しくは国際的契約で次の各号のいずれかに該当するものをしたときは、公正取引委員会は、第8章第2節に規定する手続に従い、当該事業者に対し、当該行為の実行としての事業活動を行つた日から当該行為の実行としての事業活動がなくな

169

日までの期間（当該期間が３年を超えるときは、当該行為の実行としての事業活動がなくなる日からさかのぼって３年間とする。以下「実行期間」という。）における当該商品又は役務の政令で定める方法により算定した売上額（当該行為が商品又は役務の供給を受けることに係るものである場合は、当該商品又は役務の政令で定める方法により算定した購入額）に100分の10（小売業については100分の３、卸売業については100分の２とする。）を乗じて得た額に相当する額の課徴金を国庫に納付することを命じなければならない。ただし、その額が100万円未満であるときは、その納付を命ずることができない。
一　商品又は役務の対価に係るもの
二　商品又は役務について次のいずれかを実質的に制限することによりその対価に影響することとなるもの
　　イ　供給量又は購入量
　　ロ　市場占有率
　　ハ　取引の相手方
② 前項の規定は、事業者が、私的独占（他の事業者の事業活動を支配することによるものに限る。）で、当該他の事業者（以下この項において「被支配事業者」という。）が供給する商品又は役務について、次の各号のいずれかに該当するものをした場合に準用する。［以下略］
③ ［略］
④ 事業者が、私的独占（他の事業者の事業活動を排除することによるものに限り、第２項の規定に該当するものを除く。）をしたときは、公正取引委員会は、第８章第２節に規定する手続に従い、当該事業者に対し、当該行為をした日から当該行為がなくなる日までの期間（当該期間が３年を超えるときは、当該行為がなくなる日からさかのぼって３年間とする。第27項において「違反行為期間」という。）における、当該行為に係る一定の取引分野において当該事業者が供給した商品又は役務（当該一定の取引分野において商品又は役務を供給する他の事業者に供給したものを除く。）及び当該一定の取引分野において当該商品又は役務を供給する他の事業者に当該事業者が供給した当該商品又は役務（当該一定の取引分野において当該商品又は役務を供給する当該他の事業者が当該商品又は役務を供給するために必要な商品又は役務を含む。）の政令で定める方法により算定した売上額に100分の６（当該事業者が小売業を営む場合は100分の２、卸売業を営む場合は100分の１とする。）を乗じて得た額に相当する額の課徴金を国庫に納付することを命じなければならない。ただし、その額が100万円未満であるときは、その納付を命ずることができない。
⑤ ［略］
⑥ 第１項の規定により課徴金の納付を命ずる場合において、当該事業者が、当該違反行為に係る事件について第47条第１項第４号に掲げる処分又は第102条第１項に規定する処分が最初に行われた日（以下この条において「調査開始日」という。）の一月前の日（当該処分が行われなかつたときは、当該事業者が当該違反行為について第50条第６項において読み替えて準用する第49条第５項の規定による通知（次項、第10項及び第20条の２から第20条の５までにおいて「事前通知」という。）を受けた日の一月前の日）までに当該違反行為をやめた者（当該違反行為に係る実行期間が２年未満である場合に限る。）であるときは、第１項中「100分の10」とあるのは「100分の８」と、「100分の３」とあるのは「100分の2.4」と、「100分の２」とあるのは「100分の1.6」と、前項中「100分の４」とあるのは「100分の3.2」と、「100分の1.2」とあるのは「100分の１」と、「100分の１」とあるのは「100分の0.8」とする。ただし、当該事業者が、次項から第９項までの規定の適用を受ける者であるときは、この限りでない。
⑦ 第１項（第２項において読み替えて準用する場合を含む。以下この項、第19項、第22項及び第23項において同じ。）又は第４項の規定により課徴金の納付を命ずる場合において、当該事業者が次の各号のいずれかに該当する者であるときは、第１項中「100分の10」とあるのは「100分の15」と、「100分の３」とあるのは「100分の4.5」と、「100分の２」とあるのは「100分の３」と、第４項中「100分の６」とあるのは「100分の９」と、「100分の２」とあるのは「100分の３」と、「100分の１」とあるのは「100分の1.5」と、第５項中

III 参考資料

「100分の4」とあるのは「100分の6」と、「100分の1.2」とあるのは「100分の1.8」と、「100分の1」とあるのは「100分の1.5」とする。ただし、当該事業者が、第9項の規定の適用を受ける者であるときは、この限りでない。
一 調査開始日からさかのぼり10年以内に、第1項若しくは第4項の規定による命令を受けたことがある者（当該命令が確定している場合に限る。次号において同じ。）又は第18項若しくは第21項の規定による通知若しくは第51条第2項の規定による審決を受けたことがある者
二 第47条第1項第4号に掲げる処分又は第102条第1項に規定する処分が行われなかつた場合において、当該事業者が当該違反行為について事前通知を受けた日からさかのぼり10年以内に、第1項若しくは第4項の規定による命令を受けたことがある者又は第18項若しくは第21項の規定による通知若しくは第51条第2項の規定による審決を受けたことがある者
⑧ 第1項の規定により課徴金の納付を命ずる場合において、当該事業者が次の各号のいずれかに該当する者であるときは、同項中「100分の10」とあるのは「100分の15」と、「100分の3」とあるのは「100分の4.5」と、「100分の2」とあるのは「100分の3」と、第5項中「100分の4」とあるのは「100分の6」と、「100分の1.2」とあるのは「100分の1.8」と、「100分の1」とあるのは「100分の1.5」とする。ただし、当該事業者が、次項の規定の適用を受ける者であるときは、この限りでない。
一 単独で又は共同して、当該違反行為をすることを企て、かつ、他の事業者に対し当該違反行為をすること又はやめないことを要求し、依頼し、又は唆すことにより、当該違反行為をさせ、又はやめさせなかつた者
二 単独で又は共同して、他の事業者の求めに応じて、継続的に他の事業者に対し当該違反行為に係る商品若しくは役務に係る対価、供給量、購入量、市場占有率又は取引の相手方について指定した者
三 前2号に掲げる者のほか、単独で又は共同して、次のいずれかに該当する行為であつて、当該違反行為を容易にすべき重要なものをした者
イ 他の事業者に対し当該違反行為をすること又はやめないことを要求し、依頼し、又は唆すこと。
ロ 他の事業者に対し当該違反行為に係る商品又は役務に係る対価、供給量、購入量、市場占有率、取引の相手方その他当該違反行為の実行としての事業活動について指定すること（専ら自己の取引について指定することを除く。）。
⑨ 第1項の規定により課徴金の納付を命ずる場合において、当該事業者が、第7項各号のいずれか及び前項各号のいずれかに該当する者であるときは、第1項中「100分の10」とあるのは「100分の20」と、「100分の3」とあるのは「100分の6」と、「100分の2」とあるのは「100分の4」と、第5項中「100分の4」とあるのは「100分の8」と、「100分の1.2」とあるのは「100分の2.4」と、「100分の1」とあるのは「100分の2」とする。
⑩ 公正取引委員会は、第1項の規定により課徴金を納付すべき事業者が次の各号のいずれにも該当する場合には、同項の規定にかかわらず、当該事業者に対し、課徴金の納付を命じないものとする。
一 公正取引委員会規則で定めるところにより、単独で、当該違反行為をした事業者のうち最初に公正取引委員会に当該違反行為に係る事実の報告及び資料の提出を行つた者（当該報告及び資料の提出が当該違反行為に係る事件についての調査開始日（第47条第1項第4号に掲げる処分又は第102条第1項に規定する処分が行われなかつたときは、当該事業者が当該違反行為について事前通知を受けた日。次号、次項及び第25項において同じ。）以後に行われた場合を除く。）であること。
二 当該違反行為に係る事件についての調査開始日以後において、当該違反行為をしていた者でないこと。
⑪ 第1項の場合において、公正取引委員会は、当該事業者が第1号及び第4号に該当するときは同項又は第5項から第9項までの規定により計算した課徴金の額に100分の50を乗じて得た額を、第

171

2号及び第4号又は第3号及び第4号に該当するときは第1項又は第5項から第9項までの規定により計算した課徴金の額に100分の30を乗じて得た額を、それぞれ当該課徴金の額から減額するものとする。
一　公正取引委員会規則で定めるところにより、単独で、当該違反行為をした事業者のうち2番目に公正取引委員会に当該違反行為に係る事実の報告及び資料の提出を行つた者（当該報告及び資料の提出が当該違反行為に係る事件についての調査開始日以後に行われた場合を除く。）であること。
二　公正取引委員会規則で定めるところにより、単独で、当該違反行為をした事業者のうち3番目に公正取引委員会に当該違反行為に係る事実の報告及び資料の提出を行つた者（当該報告及び資料の提出が当該違反行為に係る事件についての調査開始日以後に行われた場合を除く。）であること。
三　公正取引委員会規則で定めるところにより、単独で、当該違反行為をした事業者のうち4番目又は5番目に公正取引委員会に当該違反行為に係る事実の報告及び資料の提出（第45条第1項に規定する報告又は同条第4項の措置その他により既に公正取引委員会によつて把握されている事実に係るものを除く。）を行つた者（当該報告及び資料の提出が当該違反行為に係る事件についての調査開始日以後に行われた場合を除く。）であること。
四　当該違反行為に係る事件についての調査開始日以後において、当該違反行為をしていた者でないこと。
⑫　第1項の場合において、公正取引委員会は、当該違反行為について第10項第1号又は前項第1号から第3号までの規定による報告及び資料の提出を行つた者の数が5に満たないときは、当該違反行為をした事業者のうち次の各号のいずれにも該当する者（第10項第1号又は前項第1号から第3号までの規定による報告及び資料の提出を行つた者の数と第1号の規定による報告及び資料の提出を行つた者の数を合計した数が5以下であり、かつ、同号の規定による報告及び資料の提出を行つた者の数を合計した数が3以下である場合に限る。）については、第1項又は第5項から第9項までの規定により計算した課徴金の額に100分の30を乗じて得た額を、当該課徴金の額から減額するものとする。
一　当該違反行為に係る事件についての調査開始日以後公正取引委員会規則で定める期日までに、公正取引委員会規則で定めるところにより、単独で、公正取引委員会に当該違反行為に係る事実の報告及び資料の提出（第47条第1項各号に掲げる処分又は第102条第1項に規定する処分その他により既に公正取引委員会によつて把握されている事実に係るものを除く。）を行つた者
二　前号の報告及び資料の提出を行つた日以後において当該違反行為をしていた者以外の者
⑬　第1項に規定する違反行為をした事業者のうち2以上の事業者（会社である場合に限る。）が、公正取引委員会規則で定めるところにより、共同して、公正取引委員会に当該違反行為に係る事実の報告及び資料の提出を行つた場合には、第1号に該当し、かつ、第2号又は第3号のいずれかに該当する場合に限り、当該報告及び資料の提出を単独で行つたものとみなして、当該報告及び資料の提出を行つた2以上の事業者について前3項の規定を適用する。この場合における第10項第1号、第11項第1号から第3号まで及び前項第1号の規定による報告及び資料の提出を行つた事業者の数の計算については、当該2以上の事業者をもつて1の事業者とする。
一　当該2以上の事業者が、当該報告及び資料の提出の時において相互に子会社等（事業者の子会社（会社がその総株主（総社員を含む。以下同じ。）の議決権（株主総会において決議をすることができる事項の全部につき議決権を行使することができない株式についての議決権を除き、会社法（平成17年法律第86号）第879条第3項の規定により議決権を有するものとみなされる株式についての議決権を含む。以下同じ。）の過半数を有する他の会社をいう。この場合において、会社及びその1若しくは2以上の子会社又は会社の1若しくは2以上の子会社がその

172

総株主の議決権の過半数を有する他の会社は、当該会社の子会社とみなす。以下この項において同じ。）若しくは親会社（会社を子会社とする他の会社をいう。以下この号において同じ。）又は当該事業者と親会社が同一である他の会社をいう。次号及び第25項において同じ。）の関係にあること。
二　当該2以上の事業者のうち、当該2以上の事業者のうちの他の事業者と共同して当該違反行為をしたものが、当該他の事業者と共同して当該違反行為をした全期間（当該報告及び資料の提出を行つた日からさかのぼり5年以内の期間に限る。）において、当該他の事業者と相互に子会社等の関係にあつたこと。
三　当該2以上の事業者のうち、当該2以上の事業者のうちの他の事業者と共同して当該違反行為をした者でないものについて、次のいずれかに該当する事実があること。
　イ　その者が当該2以上の事業者のうちの他の事業者に対して当該違反行為に係る事業の全部若しくは一部を譲渡し、又は分割により当該違反行為に係る事業の全部若しくは一部を承継させ、かつ、当該他の事業者が当該譲渡又は分割の日から当該違反行為を開始したこと。
　ロ　その者が、当該2以上の事業者のうちの他の事業者から当該違反行為に係る事業の全部若しくは一部を譲り受け、又は分割により当該違反行為に係る事業の全部若しくは一部を承継し、かつ、当該譲受け又は分割の日から当該違反行為を開始したこと。
⑭　⑮　⑯　〔略〕
⑰　公正取引委員会が、第10項第1号、第11項第1号から第3号まで又は第12項第1号の規定による報告及び資料の提出を行つた事業者に対して第1項の規定による命令又は次項の規定による通知をするまでの間に、次の各号のいずれかに該当する事実があると認めるときは、第10項から第12項までの規定にかかわらず、これらの規定は適用しない。
一　当該事業者（当該事業者が第13項の規定による報告及び資料の提出を行つた者であるときは、当該事業者及び当該事業者と共同して当該報告及び資料の提出を行つた他の事業者のうち、いずれか1以上の事業者。次号において同じ。）が行つた当該報告又は提出した当該資料に虚偽の内容が含まれていたこと。
二　前項の場合において、当該事業者が求められた報告若しくは資料の提出をせず、又は虚偽の報告若しくは資料の提出をしたこと。
三　当該事業者がした当該違反行為に係る事件において、当該事業者が他の事業者に対し（当該事業者が第13項の規定による報告及び資料の提出を行つた者であるときは、当該事業者及び当該事業者と共同して当該報告及び資料の提出を行つた他の事業者のうちいずれか1以上の事業者が、当該事業者及び当該事業者と共同して当該報告及び資料の提出を行つた他の事業者以外の事業者に対し）第1項に規定する違反行為をすることを強要し、又は当該違反行為をやめることを妨害していたこと。
⑱　公正取引委員会は、第10項の規定により課徴金の納付を命じないこととしたときは、同項の規定に該当する事業者がした違反行為に係る事件について当該事業者以外の事業者に対し第1項の規定による命令をする際に（同項の規定による命令をしない場合にあつては、公正取引委員会規則で定めるときまでに）、これと併せて当該事業者に対し、文書をもつてその旨を通知するものとする。
⑲　公正取引委員会は、第1項又は第4項の場合において、同一事件について、当該事業者に対し、罰金の刑に処する確定裁判があるときは、第1項、第4項から第9項まで、第11項又は第12項の規定により計算した額に代えて、その額から当該罰金額の2分の1に相当する金額を控除した額を課徴金の額とするものとする。ただし、第1項、第4項から第9項まで、第11項若しくは第12項の規定により計算した額が当該罰金額の2分の1に相当する金額を超えないとき、又は当該控除後の額が100万円未満であるときは、この限りでない。
⑳　前項ただし書の場合においては、公正取引委員会は、課徴金の納付を命ずることができない。
㉑　㉒　㉓　〔略〕
㉔　第1項、第2項又は第4項に規定する違反行為

をした事業者が法人である場合において、当該法人が合併により消滅したときは、当該法人がした違反行為並びに当該法人が受けた第１項（第２項において読み替えて準用する場合を含む。）及び第４項の規定による命令、第18項及び第21項の規定による通知並びに第51条第２項の規定による審決（以下この項及び次項において「命令等」という。）は、合併後存続し、又は合併により設立された法人がした違反行為及び当該合併後存続し、又は合併により設立された法人が受けた命令等とみなして、前各項及び次項の規定を適用する。

㉕ 第１項、第２項又は第４項に規定する違反行為をした事業者が法人である場合において、当該法人が当該違反行為に係る事件についての調査開始日以後においてその１又は２以上の子会社等に対して当該違反行為に係る事業の全部を譲渡し、又は当該法人（会社に限る。）が当該違反行為に係る事件についての調査開始日以後においてその１又は２以上の子会社等に対して分割により当該違反行為に係る事業の全部を承継させ、かつ、合併以外の事由により消滅したときは、当該法人がした違反行為及び当該法人が受けた命令等は、当該事業の全部若しくは一部を譲り受け、又は分割により当該事業の全部若しくは一部を承継した子会社等（以下「特定事業承継子会社等」という。）がした違反行為及び当該特定事業承継子会社等が受けた命令等とみなして、前各項の規定を適用する。この場合において、当該特定事業承継子会社等が２以上あるときは、第１項（第２項において読み替えて準用する場合を含む。）中「当該事業者に対し」とあるのは「特定事業承継子会社等（第25項に規定する特定事業承継子会社等をいう。以下同じ。）に対し、この項（次項において読み替えて準用する場合を含む。）の規定による命令を受けた他の特定事業承継子会社等と連帯して」と、第４項中「当該事業者に対し」とあるのは「特定事業承継子会社等に対し、この項の規定による命令を受けた他の特定事業承継子会社等と連帯して」と、第22項中「受けた者は」とあるのは「受けた特定事業承継子会社等は、これらの規定による命令を受けた他の特定事業承継子会社等と連帯して」とする。

㉖ 前２項の場合において、第10項から第12項までの規定の適用に関し必要な事項は、政令で定める。

㉗ 実行期間（第４項に規定する違反行為については、違反行為期間）の終了した日から５年を経過したときは、公正取引委員会は、当該違反行為に係る課徴金の納付を命ずることができない。

（事業者団体の禁止行為）

第８条 事業者団体は、次の各号のいずれかに該当する行為をしてはならない。

一 一定の取引分野における競争を実質的に制限すること。

二 第６条〔特定の国際的協定又は契約の禁止〕に規定する国際的協定又は国際的契約をすること。

三 一定の事業分野における現在又は将来の事業者の数を制限すること。

四 構成事業者（事業者団体の構成員である事業者をいう。以下同じ。）の機能又は活動を不当に制限すること。

五 事業者に不公正な取引方法に該当する行為をさせるようにすること。

［以下略］

（構成事業者に対する課徴金、課徴金の減免）

第８条の３ 第７条の２第１項、第３項、第５項、第６項（ただし書を除く。）、第10項から第18項まで（第13項第２号及び第３号を除く。）、第22項、第23項及び第27項の規定は、第８条第１号（不当な取引制限に相当する行為をする場合に限る。）又は第２号（不当な取引制限に該当する事項を内容とする国際的協定又は国際的契約をする場合に限る。）の規定に違反する行為が行われた場合に準用する。［以下略］

（不公正な取引方法の禁止）

第19条 事業者は、不公正な取引方法を用いてはならない。

（排除措置）

第20条 前条の規定に違反する行為があるときは、公正取引委員会は、第８章第２節〔手続〕に規定する手続に従い、事業者に対し、当該行為の差止め、契約条項の削除その他当該行為を排除するために必要な措置を命ずることができる。

Ⅲ　参考資料

② 第7条第2項〔既往の違反行為に対する措置〕の規定は、前条の規定に違反する行為に準用する。

(共同の取引拒絶に係る課徴金)
第20条の2　事業者が、次の各号のいずれかに該当する者であつて、第19条の規定に違反する行為(第2条第9項第1号に該当するものに限る。)をしたときは、公正取引委員会は、第8章第2節に規定する手続に従い、当該事業者に対し、当該行為をした日から当該行為がなくなる日までの期間(当該期間が3年を超えるときは、当該行為がなくなる日からさかのぼつて3年間とする。)における、当該行為において当該事業者がその供給を拒絶し、又はその供給に係る商品若しくは役務の数量若しくは内容を制限した事業者の競争者に対し供給した同号イに規定する商品又は役務と同一の商品又は役務(同号ロに規定する違反行為にあつては、当該事業者が同号ロに規定する他の事業者(以下この条において「拒絶事業者」という。)に対し供給した同号ロに規定する商品又は役務と同一の商品又は役務(当該拒絶事業者が当該同一の商品又は役務を供給するために必要な商品又は役務を含む。)、拒絶事業者がその供給を拒絶し、又はその供給に係る商品若しくは役務の数量若しくは内容を制限した事業者の競争者に対し当該事業者が供給した当該同一の商品又は役務及び拒絶事業者が当該事業者に対し供給した当該同一の商品又は役務)の政令で定める方法により算定した売上額に100分の3(当該事業者が小売業を営む場合は100分の2、卸売業を営む場合は100分の1とする。)を乗じて得た額に相当する額の課徴金を国庫に納付することを命じなければならない。ただし、当該事業者が当該行為に係る行為について第7条の2第1項(同条第2項及び第8条の3において読み替えて準用する場合を含む。次条から第20条の5までにおいて同じ。)若しくは第7条の2第4項の規定による命令(当該命令が確定している場合に限る。第20条の4及び第20条の5において同じ。)、第7条の2第18項若しくは第21項の規定による通知若しくは第51条第2項の規定による審決を受けたとき、又はこの条の規定による課徴金の額が100万円未満であるときは、その納付を命ずることができない。

一　当該行為に係る事件について第47条第1項第4号に掲げる処分が最初に行われた日(次条から第20条の5までにおいて「調査開始日」という。)からさかのぼり10年以内に、前条の規定による命令(第2条第9項第1号に係るものに限る。次号において同じ。)若しくはこの条の規定による命令を受けたことがある者(当該命令が確定している場合に限る。次号において同じ。)又は第66条第4項の規定による審決(原処分の全部を取り消す場合における第2条第9項第1号に係るものに限る。次号において同じ。)を受けたことがある者(当該審決が確定している場合に限る。次号において同じ。)。

二　第47条第1項第4号に掲げる処分が行われなかつた場合において、当該事業者が当該違反行為について事前通知を受けた日からさかのぼり10年以内に、前条の規定による命令若しくはこの条の規定による命令を受けたことがある者又は第66条第4項の規定による審決を受けたことがある者

[以下略]

(不当廉売に係る課徴金)
第20条の4　事業者が、次の各号のいずれかに該当する者であつて、第19条の規定に違反する行為(第2条第9項第3号に該当するものに限る。)をしたときは、公正取引委員会は、第8章第2節に規定する手続に従い、当該事業者に対し、当該行為をした日から当該行為がなくなる日までの期間(当該期間が3年を超えるときは、当該行為がなくなる日からさかのぼつて3年間とする。)における、当該行為において当該事業者が供給した同号に規定する商品又は役務の政令で定める方法により算定した売上額に100分の3(当該事業者が小売業を営む場合は100分の2、卸売業を営む場合は100分の1とする。)を乗じて得た額に相当する額の課徴金を国庫に納付することを命じなければならない。ただし、当該事業者が当該行為に係る行為について第7条の2第1項若しくは第4項の規定による命令、同条第18項若しくは第21項の規定による通知若しくは第51条第2項の規定による審決を受けたとき、又はこの条の規定による

課徴金の額が100万円未満であるときは、その納付を命ずることができない。
一　調査開始日からさかのぼり10年以内に、第20条の規定による命令（第2条第9項第3号に係るものに限る。次号において同じ。）若しくはこの条の規定による命令を受けたことがある者（当該命令が確定している場合に限る。次号において同じ。）又は第66条第4項の規定による審決（原処分の全部を取り消す場合における第2条第9項第3号に係るものに限る。次号において同じ。）を受けたことがある者（当該審決が確定している場合に限る。次号において同じ。）
二　第47条第1項第4号に掲げる処分が行われなかつた場合において、当該事業者が当該違反行為について事前通知を受けた日からさかのぼり10年以内に、第20条の規定による命令若しくはこの条の規定による命令を受けたことがある者又は第66条第4項の規定による審決を受けたことがある者

［以下略］

（優越的地位の濫用に係る課徴金）

第20条の6　事業者が、第19条の規定に違反する行為（第2条第9項第5号に該当するものであつて、継続してするものに限る。）をしたときは、公正取引委員会は、第8章第2節に規定する手続に従い、当該事業者に対し、当該行為をした日から当該行為がなくなる日までの期間（当該期間が3年を超えるときは、当該行為がなくなる日からさかのぼつて3年間とする。）における、当該行為の相手方との間における政令で定める方法により算定した売上額（当該行為が商品又は役務の供給を受ける相手方に対するものである場合は当該行為の相手方との間における政令で定める方法により算定した購入額とし、当該行為の相手方が複数ある場合は当該行為のそれぞれの相手方との間における政令で定める方法により算定した売上額又は購入額の合計額とする。）に100分の1を乗じて得た額に相当する額の課徴金を国庫に納付することを命じなければならない。ただし、その額が100万円未満であるときは、その納付を命ずることができない。

（不当な取引制限等に対する課徴金の規定の準用）

第20条の7　第7条の2第22項から第25項まで及び第27項の規定は、第20条の2から前条までに規定する違反行為が行われた場合に準用する。この場合において、第7条の2第22項中「第1項又は第4項」とあるのは「第20条の2から第20条の6まで」と、「第1項、第4項から第9項まで、第11項、第12項又は第19項」とあるのは「これら」と、同条第23項中「第1項、第4項から第9項まで、第11項、第12項又は第19項」とあるのは「第20条の2から第20条の6まで」と、同条第24項中「第1項、第2項又は第4項」とあるのは「第20条の2から第20条の6まで」と、「並びに当該法人が受けた第1項（第2項において読み替えて準用する場合を含む。）及び第4項の規定による命令、第18項及び第21項の規定による通知並びに第51条第2項の規定による審決（以下この項及び次項において「命令等」という。）は、合併後存続し、又は合併により設立された法人がした違反行為及び当該合併後存続し、又は合併により設立された法人が受けた命令等」とあるのは「は、合併後存続し、又は合併により設立された法人がした違反行為」と、「前各項及び次項」とあるのは「第20条の7において読み替えて準用する前2項及び次項並びに第20条の2から第20条の6まで」と、同条第25項中「第1項、第2項又は第4項」とあるのは「第20条の2から第20条の6まで」と、「違反行為及び当該法人が受けた命令等」とあり、及び「違反行為及び当該特定事業承継子会社等が受けた命令等」とあるのは「違反行為」と、「前各項」とあるのは「第20条の7において読み替えて準用する前3項及び第20条の2から第20条の6まで」と、「第1項（第2項において読み替えて準用する場合を含む。）中「当該」とあるのは「第20条の2から第20条の6までの規定中「、当該」と、「特定事業承継子会社等（第25項に規定する特定事業承継子会社等をいう。以下同じ。）に対し、この項（次項において読み替えて準用する場合を含む。）の規定による命令を受けた他の特定事業承継子会社等と連帯して」と、第4項中「当該事業者に対し」とあるのは「特定事業承継子会社等に対し、この項の規定による命令を受けた他の特定事業承継子会社等と連帯して」

III 参考資料

とあるのは「、特定事業承継子会社等に対し、この条の規定による命令を受けた他の特定事業承継子会社等と連帯して」と、「第22項」とあるのは「第20条の7において読み替えて準用する第22項」と、「受けた特定事業承継子会社等」とあるのは「受けた特定事業承継子会社等（第20条の7において読み替えて準用する第25項に規定する特定事業承継子会社等をいう。以下この項において同じ。）」と、同条第27項中「実行期間（第4項に規定する違反行為については、違反行為期間）の終了した日」とあるのは「当該行為がなくなつた日」と読み替えるものとする。
[以下略]

（差止請求権）

第24条　第8条第5号〔事業者団体による不公正な取引方法〕又は第19条〔不公正な取引方法の禁止〕の規定に違反する行為によつてその利益を侵害され、又は侵害されるおそれがある者は、これにより著しい損害を生じ、又は生ずるおそれがあるときは、その利益を侵害する事業者若しくは事業者団体又は侵害するおそれがある事業者若しくは事業者団体に対し、その侵害の停止又は予防を請求することができる。

（無過失損害賠償責任）

第25条　第3条〔私的独占又は不当な取引制限の禁止〕、第6条〔特定の国際的協定又は契約の禁止〕又は第19条〔不公正な取引方法の禁止〕の規定に違反する行為をした事業者（第6条の規定に違反する行為をした事業者にあつては、当該国際的協定又は国際的契約において、不当な取引制限をし、又は不公正な取引方法を自ら用いた事業者に限る。）及び第8条〔事業者団体の禁止行為〕の規定に違反する行為をした事業者団体は、被害者に対し、損害賠償の責めに任ずる。

② 事業者及び事業者団体は、故意又は過失がなかつたことを証明して、前項に規定する責任を免れることができない。

[以下略]

（違反事実の報告、探知）

第45条　何人も、この法律の規定に違反する事実があると思料するときは、公正取引委員会に対し、その事実を報告し、適当な措置をとるべきことを求めることができる。

② 前項に規定する報告があつたときは、公正取引委員会は、事件について必要な調査をしなければならない。

③ 第1項の規定による報告が、公正取引委員会規則で定めるところにより、書面で具体的な事実を摘示してされた場合において、当該報告に係る事件について、適当な措置をとり、又は措置をとらないこととしたときは、公正取引委員会は、速やかに、その旨を当該報告をした者に通知しなければならない。

④ 公正取引委員会は、この法律の規定に違反する事実又は独占的状態に該当する事実があると思料するときは、職権をもつて適当な措置をとることができる。

[以下略]

（調査のための強制処分）

第47条　公正取引委員会は、事件について必要な調査をするため、次に掲げる処分をすることができる。

一　事件関係人又は参考人に出頭を命じて審尋し、又はこれらの者から意見若しくは報告を徴すること

二　鑑定人に出頭を命じて鑑定させること

三　帳簿書類その他の物件の所持者に対し、当該物件の提出を命じ、又は提出物件を留めて置くこと

四　事件関係人の営業所その他必要な場所に立ち入り、業務及び財産の状況、帳簿書類その他の物件を検査すること

② 公正取引委員会が相当と認めるときは、政令で定めるところにより、公正取引委員会の職員を審査官に指定し、前項の処分をさせることができる。

③ 前項の規定により職員に立入検査をさせる場合においては、これに身分を示す証明書を携帯させ、関係者に提示させなければならない。

④ 第1項の規定による処分の権限は、犯罪捜査のために認められたものと解釈してはならない。

（調書の作成）

第48条　公正取引委員会は、事件について必要な調査をしたときは、その要旨を調書に記載し、か

177

つ、特に前条第１項に規定する処分があつたときは、処分をした年月日及びその結果を明らかにしておかなければならない。

（排除措置命令）

第49条　第７条第１項若しくは第２項（第８条の２第２項及び第20条第２項において準用する場合を含む。）、第８条の２第１項若しくは第３項、第17条の２又は第20条第１項の規定による命令（以下「排除措置命令」という。）は、文書によつてこれを行い、排除措置命令書には、違反行為を排除し、又は違反行為が排除されたことを確保するために必要な措置並びに公正取引委員会の認定した事実及びこれに対する法令の適用を示し、委員長及び第69条第１項の規定による合議に出席した委員がこれに記名押印しなければならない。

② 　排除措置命令は、その名あて人に排除措置命令書の謄本を送達することによつて、その効力を生ずる。

③ 　公正取引委員会は、排除措置命令をしようとするときは、当該排除措置命令の名あて人となるべき者に対し、あらかじめ、意見を述べ、及び証拠を提出する機会を付与しなければならない。

④ 　排除措置命令の名あて人となるべき者は、前項の規定により意見を述べ、又は証拠を提出するに当たつては、代理人（弁護士、弁護士法人又は公正取引委員会の承認を得た適当な者に限る。第52条第１項、第57条、第59条、第60条及び第63条において同じ。）を選任することができる。

⑤ 　公正取引委員会は、第３項の規定による意見を述べ、及び証拠を提出する機会を付与するときは、その意見を述べ、及び証拠を提出することができる期限までに相当な期間をおいて、排除措置命令の名あて人となるべき者に対し、次に掲げる事項を書面により通知しなければならない。

一　予定される排除措置命令の内容
二　公正取引委員会の認定した事実及びこれに対する法令の適用
三　公正取引委員会に対し、前２号に掲げる事項について、意見を述べ、及び証拠を提出することができる旨並びにその期限

⑥ 　排除措置命令に不服がある者は、公正取引委員会規則で定めるところにより、排除措置命令書の謄本の送達があつた日から60日以内（天災その他この期間内に審判を請求しなかつたことについてやむを得ない理由があるときは、その理由がやんだ日の翌日から起算して１週間以内）に、公正取引委員会に対し、当該排除措置命令について、審判を請求することができる。

⑦ 　前項に規定する期間内に同項の規定による請求がなかつたときは、排除措置命令は、確定する。

（課徴金の納付命令）

第50条　第７条の２第１項（同条第２項及び第８条の３において読み替えて準用する場合を含む。）若しくは第４項又は第20条の２から第20条の６までの規定による命令（以下「納付命令」という。）は、文書によつてこれを行い、課徴金納付命令書には、納付すべき課徴金の額及びその計算の基礎、課徴金に係る違反行為並びに納期限を記載し、委員長及び第69条第１項の規定による合議に出席した委員がこれに記名押印しなければならない。

② 　納付命令は、その名あて人に課徴金納付命令書の謄本を送達することによつて、その効力を生ずる。

③ 　第１項の課徴金の納期限は、課徴金納付命令書の謄本を発する日から３月を経過した日とする。

④ 　納付命令に不服がある者は、公正取引委員会規則で定めるところにより、課徴金納付命令書の謄本の送達があつた日から60日以内（天災その他この期間内に審判を請求しなかつたことについてやむを得ない理由があるときは、その理由がやんだ日の翌日から起算して１週間以内）に、公正取引委員会に対し、当該納付命令について、審判を請求することができる。

⑤ 　前項に規定する期間内に同項の規定による請求がなかつたときは、納付命令は、確定する。

⑥ 　前条第３項から第５項までの規定は、納付命令について準用する。この場合において、同項第１号中「予定される排除措置命令の内容」とあるのは「納付を命じようとする課徴金の額」と、同項第２号中「公正取引委員会の認定した事実及びこれに対する法令の適用」とあるのは「課徴金の計算の基礎及びその課徴金に係る違反行為」と読み替えるものとする。

（課徴金の納付命令後における罰金と課徴金の調

整)
第51条　第7条の2第1項(同条第2項において読み替えて準用する場合を含む。次項及び第3項において同じ。)又は第4項の規定により公正取引委員会が納付命令を行つた後、同一事件について、当該納付命令を受けた者に対し、罰金の刑に処する確定裁判があつたときは、公正取引委員会は、審決で、当該納付命令に係る課徴金の額を、その額から当該裁判において命じられた罰金額の2分の1に相当する金額を控除した額に変更しなければならない。ただし、当該納付命令に係る課徴金の額が当該罰金額の2分の1に相当する金額を超えないとき、又は当該変更後の額が100万円未満となるときは、この限りでない。
［以下略］

(審判請求及び審判手続の開始)
第52条　第49条第6項又は第50条第4項の規定による審判の請求(以下「審判請求」という。)をする者は、次に掲げる事項を記載した請求書を公正取引委員会に提出しなければならない。
一　審判請求をする者及びその代理人の氏名又は名称及び住所又は居所
二　審判請求に係る命令
三　審判請求の趣旨及び理由
［以下略］

(排除措置命令の執行停止)
第54条　公正取引委員会は、排除措置命令に係る審判請求があつた場合において必要と認めるときは、当該排除措置命令の全部又は一部の執行を停止することができる。
②　前項の規定により執行を停止した場合において、当該執行の停止により市場における競争の確保が困難となるおそれがあるときその他必要があると認めるときは、公正取引委員会は、当該執行の停止を取り消すものとする。

(審判開始通知書及び審判開始決定書)
第55条　公正取引委員会は、第52条第3項の規定により審判手続を開始するときは、審判請求をした者に対し、その旨を記載した審判開始通知書を送付しなければならない。
②　第53条第1項の規定による審判開始決定は、文書によつてこれを行い、審判開始決定書には、事件の要旨及び第8条の4第1項に規定する措置の名あて人の氏名又は名称を記載し、かつ、委員長及び決定の議決に参加した委員がこれに記名押印しなければならない。
③　審判手続は、第1項の審判請求をした者に審判開始通知書を送付し、又は前項の名あて人に審判開始決定書の謄本を送達することにより、開始する。
［以下略］

(課徴金及び延滞金の納付及び催促)
第70条の9　公正取引委員会は、課徴金をその納期限までに納付しない者があるときは、督促状により期限を指定してその納付を督促しなければならない。
②　前項の規定にかかわらず、納付命令について審判請求がされたとき(第66条第1項の規定により当該審判請求が却下された場合を除く。次項において同じ。)は、公正取引委員会は、当該審判請求に対する審決をした後、同条第3項の規定により当該納付命令の全部を取り消す場合を除き、速やかに督促状により期限を指定して当該納付命令に係る課徴金及び次項の規定による延滞金があるときはその延滞金の納付を督促しなければならない。ただし、当該納付命令についての審判請求に対する審決書の謄本が送達された日までに当該課徴金及び延滞金の全部が納付されたときは、この限りでない。
③　公正取引委員会は、課徴金をその納期限までに納付しない者があるときは、納期限の翌日からその納付の日までの日数に応じ、当該課徴金の額につき年14.5パーセントの割合(当該課徴金に係る納付命令について審判請求がされたときは、当該審判請求に対する審決書の謄本の送達の日までは年7.25パーセントを超えない範囲内において政令で定める割合)で計算した延滞金を徴収することができる。ただし、延滞金の額が1,000円未満であるときは、この限りでない。
④　前項の規定により計算した延滞金の額に100円未満の端数があるときは、その端数は、切り捨てる。
⑤　公正取引委員会は、第1項又は第2項の規定による督促を受けた者がその指定する期限までにその納付すべき金額を納付しないときは、国税滞納

処分の例により、これを徴収することができる。
⑥　前項の規定による徴収金の先取特権の順位は、国税及び地方税に次ぐものとし、その時効については、国税の例による。
[以下略]

（刑事訴訟の第一審の裁判権）
第84条の3　第89条から第91条までの罪に係る訴訟の第一審の裁判権は、地方裁判所に属する。

（刑事訴訟の第一審の管轄）
第84条の4　前条に規定する罪に係る事件について、刑事訴訟法第2条の規定により第84条の2第1項各号に掲げる裁判所が管轄権を有する場合には、それぞれ当該各号に定める裁判所も、その事件を管轄することができる。

（第一審の裁判権）
第85条　次の各号のいずれかに該当する訴訟については、第一審の裁判権は、東京高等裁判所に属する。
一　公正取引委員会の審決に係る行政事件訴訟法第3条第1項に規定する抗告訴訟（同条第5項から第7項までに規定する訴訟を除く。）
二　第25条の規定による損害賠償に係る訴訟

（東京高等裁判所の専属管轄事件）
第86条　第70条の6第1項、第70条の7第1項（第70条の14第2項において準用する場合を含む。）、第70条の13第1項、第97条及び第98条に規定する事件は、東京高等裁判所の専属管轄とする。
[以下略]

（私的独占、不当な取引制限、事業者団体による競争の実質的制限の罪）
第89条　次の各号のいずれかに該当するものは、5年以下の懲役又は500万円以下の罰金に処する。
一　第3条〔私的独占又は不当な取引制限の禁止〕の規定に違反して私的独占又は不当な取引制限をした者
二　第8条第1項〔事業者団体による競争の実質的制限〕の規定に違反して一定の取引分野における競争を実質的に制限したもの
②　前項の未遂罪は、罰する。
[以下略]

（事業者団体解散の宣告）
第95条の4　裁判所は、十分な理由があると認めるときは、第89条第1項第2号〔事業者団体による競争の実質的制限〕又は第90条〔国際的協定等の制限・事業者団体による事業者の数の制限等・確定審決等の違反〕に規定する刑の言渡しと同時に、事業者団体の解散を宣告することができる。
②　前項の規定により解散が宣告された場合には、他の法令の規定又は定款その他の定めにかかわらず、事業者団体は、その宣告により解散する。

（専属告発）
第96条　第89条から第91条までの罪は、公正取引委員会の告発を待つて、これを論ずる。
②　前項の告発は、文書をもつてこれを行う。
③　公正取引委員会は、第1項の告発をするに当たり、その告発に係る犯罪について、前条第1項又は第100条第1項第1号〔特許・実施権の取消〕の宣告をすることを相当と認めるときは、その旨を前項の文書に記載することができる。
④　第1項の告発は、公訴の提起があつた後は、これを取り消すことができない。
[以下略]

（質問、検査、領置）
第101条　公正取引委員会の職員（公正取引委員会の指定を受けた者に限る。以下この章において「委員会職員」という。）は、犯則事件（第89条から第91条までの罪に係る事件をいう。以下この章において同じ。）を調査するため必要があるときは、犯則嫌疑者若しくは参考人（以下この項において「犯則嫌疑者等」という。）に対して出頭を求め、犯則嫌疑者等に対して質問し、犯則嫌疑者等が所持し若しくは置き去つた物件を検査し、又は犯則嫌疑者等が任意に提出し若しくは置き去つた物件を領置することができる。
②　委員会職員は、犯則事件の調査について、官公署又は公私の団体に照会して必要な事項の報告を求めることができる。

（臨検、捜索、差押え）
第102条　委員会職員は、犯則事件を調査するため必要があるときは、公正取引委員会の所在地を管轄する地方裁判所又は簡易裁判所の裁判官があらかじめ発する許可状により、臨検、捜索又は差押えをすることができる。
[以下略]

2 不公正な取引方法

（昭和57年6月18日　公正取引委員会告示第15号）
改正　平成21年10月28日　公正取引委員会告示第18号

私的独占の禁止及び公正取引の確保に関する法律（昭和22年法律第54号）第2条第9項の規定により、不公正な取引方法（昭和28年公正取引委員会告示第11号）の全部を次のように改正し、昭和57年9月1日から施行する。

不公正な取引方法

（共同の取引拒絶）
1　正当な理由がないのに、自己と競争関係にある他の事業者（以下「競争者」という。）と共同して、次の各号のいずれかに掲げる行為をすること。
　一　ある事業者から商品若しくは役務の供給を受けることを拒絶し、又は供給を受ける商品若しくは役務の数量若しくは内容を制限すること。
　二　他の事業者に、ある事業者から商品若しくは役務の供給を受けることを拒絶させ、又は供給を受ける商品若しくは役務の数量若しくは内容を制限させること。

（その他の取引拒絶）
2　不当に、ある事業者に対し取引を拒絶し若しくは取引に係る商品若しくは役務の数量若しくは内容を制限し、又は他の事業者にこれらに該当する行為をさせること。

（差別対価）
3　私的独占の禁止及び公正取引の確保に関する法律（昭和22年法律第54号。以下「法」という。）第2条第9項第2号に該当する行為のほか、不当に、地域又は相手方により差別的な対価をもって、商品若しくは役務を供給し、又はこれらの供給を受けること。

（取引条件等の差別取扱い）
4　不当に、ある事業者に対し取引の条件又は実施について有利又は不利な取扱いをすること。

（事業者団体における差別取扱い等）
5　事業者団体若しくは共同行為からある事業者を不当に排斥し、又は事業者団体の内部若しくは共同行為においてある事業者を不当に差別的に取り扱い、その事業者の事業活動を困難にさせること。

（不当廉売）
6　法第2条第9項第3号に該当する行為のほか、不当に商品又は役務を低い対価で供給し、他の事業者の事業活動を困難にさせるおそれがあること。

（不当高価購入）
7　不当に商品又は役務を高い対価で購入し、他の事業者の事業活動を困難にさせるおそれがあること。

（ぎまん的顧客誘引）
8　自己の供給する商品又は役務の内容又は取引条件その他これらの取引に関する事項について、実際のもの又は競争者に係るものよりも著しく優良又は有利であると顧客に誤認させることにより、競争者の顧客を自己と取引するように不当に誘引すること。

（不当な利益による顧客誘引）
9　正常な商慣習に照らして不当な利益をもって、競争者の顧客を自己と取引するように誘引すること。

（抱き合わせ販売等）
10　相手方に対し、不当に、商品又は役務の供給に併せて他の商品又は役務を自己又は自己の指定する事業者から購入させ、その他自己又は自己の指定する事業者と取引するように強制すること。

（排他条件付取引）
11　不当に、相手方が競争者と取引しないことを条件として当該相手方と取引し、競争者の取引の機会を減少させるおそれがあること。

（拘束条件付取引）
12　法第2条第9項第4号又は前項に該当する行為のほか、相手方とその取引の相手方との取引その他相手方の事業活動を不当に拘束する条件をつけて、当該相手方と取引すること。

（取引の相手方の役員選任への不当干渉）
13　自己の取引上の地位が相手方に優越していることを利用して、正常な商慣習に照らして不当に、

取引の相手方である会社に対し、当該会社の役員（法第 2 条第 3 項の役員をいう。以下同じ。）の選任についてあらかじめ自己の指示に従わせ、又は自己の承認を受けさせること。

（競争者に対する取引妨害）

14　自己又は自己が株主若しくは役員である会社と国内において競争関係にある他の事業者とその取引の相手方との取引について、契約の成立の阻止、契約の不履行の誘引その他いかなる方法をもつてするかを問わず、その取引を不当に妨害すること。

（競争会社に対する内部干渉）

15　自己又は自己が株主若しくは役員である会社と国内において競争関係にある会社の株主又は役員に対し、株主権の行使、株式の譲渡、秘密の漏えいその他いかなる方法をもつてするかを問わず、その会社の不利益となる行為をするように、不当に誘引し、そそのかし、又は強制すること。

　　　附　則（平成21年10月28日公正取引委員会告示第18号）

　この告示は、私的独占の禁止及び公正取引の確保に関する法律の一部を改正する法律（平成21年法律第51号）の施行の日（平成22年 1 月 1 日）から施行する。

3 入札談合等関与行為の排除及び防止並びに職員による入札等の公正を害すべき行為の処罰に関する法律（官製談合防止法）（抜粋）

(平成14年7月31日　法律第101号)
最終改正　平成21年法律第 51号

(趣旨)
第1条　この法律は、公正取引委員会による各省各庁の長等に対する入札談合等関与行為を排除するために必要な改善措置の要求、入札談合等関与行為を行った職員に対する損害賠償の請求、当該職員に係る懲戒事由の調査、関係行政機関の連携協力等入札談合等関与行為を排除し、及び防止するための措置について定めるとともに、職員による入札等の公正を害すべき行為についての罰則を定めるものとする。

(定義)
第2条　この法律において「各省各庁の長」とは、財政法（昭和22年法律第34条）第20条第2項に規定する各省各庁の長をいう。
2　この法律において「特定法人」とは、次の各号のいずれかに該当するものをいう。
　一　国又は地方公共団体が資本金の2分の1以上を出資している法人
　二　特別の法律により設立された法人のうち、国又は地方公共団体が法律により、常時、発行済株式の総数又は総株主の議決権の3分の1以上に当たる株式の保有を義務付けられている株式会社（前号に掲げるもの及び政令で定めるものを除く。）
3　この法律において「各省各庁の長等」とは、各省各庁の長、地方公共団体の長及び特定法人の代表者をいう。
4　この法律において「入札談合等」とは、国、地方公共団体又は特定法人（以下「国等」という。）が入札、競り売りその他競争により相手方を選定する方法（以下「入札等」という。）により行う売買、貸借、請負その他の契約の締結に関し、当該入札に参加しようとする事業者が他の事業者と共同して落札すべき者若しくは落札すべき価格を決定し、又は事業者団体が当該入札に参加しようとする事業者に当該行為を行わせること等により、私的独占の禁止及び公正取引の確保に関する法律（昭和22年法律第54号）第3条又は第8条第1号の規定に違反する行為をいう。
5　この法律において「入札談合等関与行為」とは、国若しくは地方公共団体の職員又は特定法人の役員若しくは職員（以下「職員」という。）が入札談合等に関与する行為であって、次の各号のいずれかに該当するものをいう。
　一　事業者又は事業者団体に入札談合等を行わせること。
　二　契約の相手方となるべき者をあらかじめ指名することその他特定の者を契約の相手方となるべき者として希望する旨の意向をあらかじめ教示し、又は示唆すること。
　三　入札又は契約に関する情報のうち特定の事業者又は事業者団体が知ることによりこれらの者が入札談合等を行うことが容易となる情報であって秘密として管理されているものを、特定の者に対して教示し、又は示唆すること。
　四　特定の入札談合等に関し、事業者、事業者団体その他の者の明示若しくは黙示の依頼を受け、又はこれらの者に自ら働きかけ、かつ、当該入札談合等を容易にする目的で、職務に反し、入札に参加する者として特定の者を指名し、又はその他の方法により、入札談合等を幇助すること。

(各省各庁の長等に対する改善措置の要求等)
第3条　公正取引委員会は、入札談合等の事件についての調査の結果、当該入札談合等につき入札談合等関与行為があると認めるときは、各省各庁の長等に対し、当該入札談合等関与行為を排除するために必要な入札及び契約に関する事務に係る改善措置（以下単に「改善措置」という。）を講ずべきことを求めることができる。
2　公正取引委員会は、入札談合等の事件についての調査の結果、当該入札談合等につき入札談合等

関与行為があったと認めるときは、当該入札談合等関与行為が既になくなってる場合においても、特に必要があると認めるときは、各省各庁の長等に対し、当該入札談合等関与行為が排除されたことを確保するために必要な改善措置を講ずべきことを求めることができる。

3 公正取引委員会は、前2項の規定による求めをする場合には、当該求めの内容及び理由を記載した書面を交付しなければならない。

4 各省各庁の長等は、第1項又は第2項の規定による求めを受けたときは、必要な調査を行い、当該入札談合等関与行為があり、又は当該入札談合等関与行為があったことが明らかとなったときは、当該調査の結果に基づいて、当該入札談合等関与行為を排除し、又は当該入札談合等関与行為が排除されたことを確保するために必要と認める改善措置を講じなければならない。

5 各省各庁の長等は、前項の調査を行うため必要があると認めるときは、公正取引委員会に対し、資料の提供その他必要な協力を求めることができる。

6 各省各庁の長等は、第4項の調査の結果及び同項の規定により講じた改善措置の内容を公表するとともに、公正取引委員会に通知しなければならない。

7 公正取引委員会は、前項の通知を受けた場合において、特に必要があると認めるときは、各省各庁の長等に対し、意見を述べることができる。

（職員に対する損害賠償の請求等）
第4条 各省各庁の長等は、前条第1項又は第2項の規定による求めがあったときは、当該入札談合等関与行為による国等の損害の有無について必要な調査を行わなければならない。

2 各省各庁の長等は、前項の調査の結果、国等に損害が生じたと認めるときは、当該入札談合等関与行為を行った職員の賠償責任の有無及び国等に対する賠償額についても必要な調査を行わなければならない。

3 各省各庁の長等は、前2項の調査を行うため必要があると認めるときは、公正取引委員会に対し、資料の提供その他必要な協力を求めることができる。

4 各省各庁の長等は、第1項及び第2項の調査の結果を公表しなければならない。

5 各省各庁の長等は、第2項の調査の結果、当該入札談合等関与行為を行った職員が故意又は重大な過失により国等に損害を与えたと認めるときは、当該職員に対し、速やかにその賠償を求めなければならない。

6 7 ［略］

（職員に係る懲戒事由の調査）
第5条 各省各庁の長等は、第3条第1項又は第2項の規定による求めがあったときは、当該入札談合等関与行為を行った職員に対して懲戒処分（特定法人（特定独立行政法人（独立行政法人通則法（平成11年法律第103号）第2条第2項に規定する特定独立行政法人をいう。以下この項において同じ。）及び特定地方独立行政法人（地方独立行政法人法（平成15年法律第118号）第2条第2項に規定する特定地方独立行政法人をいう。以下この項において同じ。）を除く。）にあっては、免職、停職、減給又は戒告の処分その他の制裁）をすることができるか否かについて必要な調査を行わなければならない。ただし、当該求めを受けた各省各庁の長、地方公共団体の長、特定独立行政法人の長又は特定地方独立行政法人の理事長が、当該職員の任命権を有しない場合（当該職員の任命権を委任した場合を含む。）は、当該職員の任命権を有する者（当該職員の任命権の委任を受けた者を含む。以下「任命権者」という。）に対し、第3条第1項又は第2項の規定による求めがあった旨を通知すれば足りる。

2 前項ただし書の規定による通知を受けた任命権者は、当該入札談合等関与行為を行った職員に対して懲戒処分をすることができるか否かについて必要な調査を行わなければならない。

3 各省各庁の長等又は任命権者は、第1項本文又は前項の調査を行うため必要があると認めるときは、公正取引委員会に対し、資料の提供その他必要な協力を求めることができる。

4 各省各庁の長等又は任命権者は、それぞれ第1項本文又は第2項の調査の結果を公表しなければならない。

（指定職員による調査）

第6条　各省各庁の長等又は任命権者は、その指定する職員（以下この条において「指定職員」という。）に、第3条第4項、第4条第1項若しくは第2項又は前条第1項本文若しくは第2項の規定による調査（以下この条において「調査」という。）を実施させなければならない。この場合において、各省各庁の長等又は任命権者は、当該調査を適正に実施するに足りる能力、経験等を有する職員を指定する等当該調査の実効を確保するために必要な措置を講じなければならない。

2　指定職員は、調査に当たっては、公正かつ中立に実施しなければならない。

3　指定職員が調査を実施する場合においては、当該各省各庁（財政法第21条に規定する各省各庁をいう。以下同じ。）、地方公共団体又は特定法人の職員は、当該調査に協力しなければならない。

（関係行政機関の連携協力）

第7条　国の関係行政機関は、入札談合等関与行為の防止に関し、相互に連携を図りながら協力しなければならない。

（職員による入札等の妨害）

第8条　職員が、その所属する国等が入札等により行う売買、貸借、請負その他の契約の締結に関し、その職務に反し、事業者その他の者に談合を唆すこと、事業者その他の者に予定価格その他の入札等に関する秘密を教示すること又はその他の方法により、当該入札等の公正を害すべき行為を行ったときは、5年以下の懲役又は250万円以下の罰金に処する。

（運用上の配慮）

第9条　この法律の運用に当たっては、入札及び契約に関する事務を適正に実施するための地方公共団体等の自主的な努力に十分配慮しなければならない。

（事務の委任）

第10条　各省各庁の長は、この法律に規定する事務を、当該各省各庁の外局（法律で国務大臣をもってその長に充てることとされているものに限る。）の長に委任することができる。

　　　附　則

この法律は、公布の日から起算して6月を超えない範囲内において政令で定める日〔平成15年1月6日〕から施行する。

　　　附　則（平成18年12月15日法律第110号）

この法律は、公布の日から起算して3月を超えない範囲内において政令で定める日〔平成19年3月14日〕から施行する。

　　　附　則（平成21年6月10日法律第51号）抄

（施行期日）

第1条　この法律は、公布の日から起算して1年を超えない範囲内において政令で定める日（以下「施行日」という。）から施行する。ただし、〔中略〕附則第23条及び第24条の規定は、公布の日から起算して1月を経過した日から施行する。

4 工事請負契約に係る指名停止等の措置要領
中央公共工事契約制度運用連絡協議会モデル（抜粋）

昭和59年3月23日　採択
平成20年6月27日　最終改正

（指名停止の期間の特例）
第3
3　部局長は、有資格業者について情状酌量すべき特別の事由があるため、別表各号及び前2項の規定による指名停止の期間の短期未満の期間を定める必要があるときは、指名停止の期間を当該短期の1/2まで短縮することができる。

4　部局長は、有資格業者について、極めて悪質な事由があるため又は極めて重大な結果を生じさせたため、別表各号及び第1項の規定による長期を越える指名停止の期間を定める必要があるときは、指名停止の期間を当該長期の2倍（当該長期の2倍が36か月を超える場合は36か月）まで延長することができる。

〇別表第2　贈賄及び不正行為等に基づく措置基準

措　置　要　件	期　　間
（独占禁止法違反行為） 5　当該部局が所管する区域内において、業務に関し独占禁止法第3条又は第8条第1項第1号に違反し、工事の請負契約の相手方として不適当であると認められるとき（次号及び第12号に掲げる場合を除く。）。	当該認定をした日から2か月以上9か月以内
6　次のイ又はロに掲げる者が締結した請負契約に係る工事に関し、独占禁止法第3条又は第8条第1項第1号に違反し、工事の請負契約の相手方として不適当であると認められるとき（第12号に掲げる場合を除く。）。	当該認定をした日から
イ　当該部局の所属担当者	3か月以上12か月以内
ロ　当該部局の所属担当者以外の当該機関の所属担当者	2か月以上9か月以内
7　当該部局が所管する区域外において、他の公共機関の職員が締結した請負契約に係る工事に関し、代表役員等又は一般役員等が、独占禁止法第3条又は第8条第1項第1号に違反し、刑事告発を受けたとき（第12号に掲げる場合を除く。）。	刑事告発を知った日から1か月以上9か月以内
（重大な独占禁止法違反行為等） 12〔A〕　当該機関の所属担当官又は公共工事の入札及び契約の適正化の促進に関する法律（平成12年法律第127号）第2条第1項に規定する特殊法人等で当該機関の所掌に係るものの職員が締結した請負契約に係る工事に関し、次のイ又はロに掲げる事由に該当することとなったとき（当該工事に政府調達に関する協定（平成7年12月8日条約第23号）の適用を受けるものが含まれる場合に限る。）。（注1） 　イ　独占禁止法第3条又は第8条第1項第1号に違反し、刑事告発を受けたとき（有資格業者である法人の役員若しくは使用人又は有資格業者である個人若しくはその使用人が刑事告発を受け、又は逮捕された場合を含む。）。 　ロ　有資格業者である法人の役員若しくは使用人又は有資格業者である個人若しくはその使用人が競売等妨害又は談合の容疑により逮捕され、又は逮捕を経ないで公訴を提起されたとき。	刑事告発、逮捕又は公訴を知った日から6か月以上36か月以内

Ⅲ　参考資料

（重大な独占禁止法違反行為等）	
12〔B〕　当該機関の所属担当者、当該機関を所掌する国の機関の職員又は公共工事の入札及び契約の適正化の促進に関する法律（平成12年法律第127号）第2条第1項に規定する特殊法人等で当該国の機関の所掌に係るものの職員が締結した請負契約に係る工事に関し、次のイ又はロに掲げる事由に該当することとなったとき（当該工事に、その請負金額が国の政府調達に関する協定（平成7年12月8日条約第23号）の適用基準額以上であるものが含まれる場合に限る。）。（注2） イ　独占禁止法第3条又は第8条第1項第1号に違反し、刑事告発を受けたとき（有資格業者である法人の役員若しくは使用人又は有資格業者である個人若しくはその使用人が刑事告発を受け、又は逮捕された場合を含む。）。 ロ　有資格業者である法人の役員若しくは使用人又は有資格業者である個人若しくはその使用人が競売等妨害又は談合の容疑により逮捕され、又は逮捕を経ないで公訴を提起されたとき。	刑事告発、逮捕又は公訴を知った日から6か月以上36か月以内
（注1）　12〔A〕は、国の機関について適用する。 （注2）　12〔B〕は、国以外の機関について適用する。	

〇工事請負契約に係る指名停止等の措置要領中央公共工事契約制度運用連絡協議会モデルの運用申合せ
7　モデル別表第2関係
　二　独占禁止法第3条に違反した場合（第5号から第7号まで及び第12号イ）は、次のイからニまでに掲げる事実のいずれかを知った後、速やかに指名停止を行うものとする。
　　イ　排除措置命令
　　ロ　課徴金納付命令
　　ハ　刑事告発
　　ニ　有資格業者である法人の代表者、有資格業者である個人又は有資格業者である法人若しくは個人の代理人、使用人その他の従業者の独占禁止法違反の容疑による逮捕
　三　独占禁止法第8条第1項第1号に違反した場合（第5号及び第6号関係）は、課徴金納付命令が出されたことを知った後、速やかに指名停止を行うものとする。
　四　別表第2第5号から第7号まで及び第12号イの措置要件に該当した場合において課徴金減免制度が適用され、その事実が公表されたときの指名停止の期間は、当該制度の適用がなかったと想定した場合の期間の2分の1の期間とする。この場合において、この項前段の期間が別表第2第5号から第7号まで及び第12号イに規定する期間の短期を下回る場合においては、モデル第3第3項の規定を適用するものとする。

187

5 公共的な入札に係る事業者及び事業者団体の活動に関する独占禁止法上の指針（入札ガイドライン）

※ 概　要　　　　　　　　　　　　　　　　　　　　　　　　　　　（平成6年7月5日　公正取引委員会）

	活動類型	原則として違反となるもの（及びその留意事項）	違反となるおそれがあるもの	原則として違反とならないもの
1	受注者の選定に関する行為	1-1 受注予定者等の決定 ［留意事項］ 1-1-1 受注意欲の情報交換等 1-1-2 指名回数、受注実績等に関する情報の整理・提供 1-1-3 入札価格の調整等 1-1-4 他の入札参加者等への利益供与 1-1-5 受注予定者の決定への参加の要請、強要等	1-2 指名や入札参加予定に関する報告 1-3 共同企業体の組合せに関する情報交換 1-4 特別会費、賦課金等の徴収	1-5 発注者に対する入札参加意欲等の説明 1-6 自己の判断による入札辞退
2	入札価格に関する行為	2-1 最低入札価格等の決定 ［留意事項］ 2-1-1 入札価格の情報交換等	2-2 入札の対象となる商品又は役務の価格水準に関する情報交換	2-3 積算基準についての調査 2-4 標準的な積算方法の作成等
3	受注数量等に関する行為	3-1 受注数量、割合等の決定		3-2 官公需受注実績等の概括的な公表
4	情報の収集・提供、経営指導等	［留意事項］ （受注予定者等の決定行為に関する留意事項） ・受注意欲の情報交換等（1-1-1前掲） ・指名回数、受注実績等に関する情報の整理・提供（1-1-2前掲） （最低入札価格等の決定行為に関する留意事項） ・入札価格の情報交換等（2-1-1前掲）	4-1 指名や入札参加予定に関する報告　（1-2前掲） 4-2 共同企業体の組合せに関する情報交換（1-3前掲） 4-3 入札の対象となる商品又は役務の価格水準に関する情報交換等（2-2前掲）	4-4 入札に関する一般的な情報の収集・提供 4-5 官公需受注実績等の概括的な公表（3-2前掲） 4-6 平均的な経営指標の作成・提供 4-7 入札物件の内容、必要な技術力の程度等に関する情報の収集・提供 4-8 経常共同企業体の組合せに関する情報提供 4-9 共同企業体の相手方の選定のための情報聴取等 4-10 発注者に対する入札参加意欲等の説明（1-5前掲） 4-11 標準的な積算方法の作成等　（2-4前掲） 4-12 経常共同企業体の運営に関する指針の作成・提供 4-13 積算基準についての調査　（2-3前掲） 4-14 独占禁止法についての知識の普及活動 4-15 契約履行の必要性に関する啓蒙等 4-16 国、地方公共団体等に対する要望又は意見の表明 4-17 発注者に対する技術に関する情報の一般的な説明

Ⅲ　参考資料

はじめに及び第1　（省略）

第2　入札に係る事業者及び事業者団体の実際の活動と独占禁止法

1　受注者の選定に関する行為

(1)　考え方

会計法、地方自治法等では、原則として、入札参加者の中から発注者にとって最も有利な内容の入札をした者を契約の相手方とし、その提示した条件で契約を締結する入札の手続を定めている。

事業者が共同して又は事業者団体が、入札に係る受注予定者又は受注予定者の選定方法を決定することは、このような入札制度の機能を損なうものであるとともに、入札の方法により発注される商品又は役務の取引に係る競争を制限するものであり原則として違反となる。

入札に係る受注予定者又は受注予定者の選定方法の決定の基本的な内容は、入札に際してあらかじめ受注すべき者を特定しその者が受注できるようにすることであり、具体的な手段・方法のいかんを問わない。

ここでの決定は、明示の決定に限られるものではなく、受注予定者又は受注予定者の選定方法に関し暗黙の了解又は共通の意思が形成されることをもって足りる。

受注予定者又は受注予定者の選定方法を決定することが違反とされるのは、その行為が行われた理由のいかんを問わないのであって、対象となる商品又は役務の質を確保するためとか、受注の均等化を図るためとか、各事業者の営業活動や既往の受注との継続性や関連性を尊重するためといった理由によって正当化されるものではない。

仮に第三者による受注予定者の推奨があった場合においても、事業者が共同して又は事業者団体が、その推奨に従うことを決定すれば、受注予定者の決定に当たる。

(2)　参考例

違反となるかどうかを判断する上で参考となる類型を以下に例示する。

○原則として違反となるもの

| 1-1 | （受注予定者等の決定） | ○ 事業者が共同して又は事業者団体が、入札に係る受注予定者又は受注予定者の選定方法を決定すること。
〈具体例〉
　Xほか建設業者事件（平成4年（勧）第16号）では、甲県が指名競争入札により発注する土木一式工事について、指名を受けた者による会合等で話合いを行い、PRチラシ（受注を希望する者が、あらかじめ、工事ごとに、工事箇所、近隣の工事実績等を記載して提出した書面）の提出の有無、提出の時期及び記載内容の正確度、当該工事に関連する過去の工事実績等の要素を勘案して、あらかじめ、受注を希望する者の中から受注予定者を決定し、指名を受けた者は受注予定者が受注できるよう協力する等の合意の下に、受注予定者を決定していたことが、法第3条違反とされた。
　Yほか支払通知書等貼付用シール供給業者事件（平成5年（勧）第9号）では、乙省庁が指名競争入札により発注する支払通知書等貼付用シールについて、指名を受けた者等の間での話合いにより、入札の都度、あらかじめ、受注予定者を決定すること、受注予定者以外の者 |

	は受注予定者が受注できるよう協力すること等を決定し、これに基づき受注予定者を決定していたことが、法第3条違反とされた。 　Z建設業者団体事件（昭和63年（納）第15号）では、丙国海軍極東建設本部が入札により我が国において発注する建設工事について、あらかじめ、入札に参加する者の間で協議して受注予定者を定めること等を決定し、これに基づき構成事業者に受注予定者を決定させていたことが、法第8条第1項第1号違反とされた。 　U測量業者団体事件（平成5年（勧）第5号）では、丁省庁が指名競争入札により発注する航空写真測量業務について、業務の種類に応じて、点数制（構成事業者の指名実績及び受注実績を基に一定の算定方法により算出した点数が最も高い者から優先的に受注予定者を定める方式）又は順番制（あらかじめ定めた順番により受注予定者を定める方式）により、受注予定者を定め、指名を受けた構成事業者は受注予定者が受注できるように協力すること等を決定し、これに基づき構成事業者に受注予定者等を決定させていたことが、法第8条第1項第1号違反とされた。 　Vビルメンテナンス業者団体事件（平成5年（勧）第10号）では、戊地区所在の官公庁等が指名競争入札又は指名見積り合わせにより発注する環境衛生管理業務について、構成事業者が既に受注して契約している物件については、次回の入札等の際、当該事業者を受注予定者とし、新規に発注される業務については、指名を受けた構成事業者間の話合いにより受注予定者を定め、受注予定者以外の指名を受けた構成事業者は受注予定者が受注できるように協力すること等を決定し、この決定に基づき構成事業者に受注予定者を定めさせていたことが、法第8条第1項第1号違反とされた。
［留意事項］	「原則として違反となるもの」として上に記した1－1（受注予定者等の決定）の行為との関連で、入札談合防止の観点から特に留意すべき事項を以下に示す。
ア	次のような行為は、受注予定者を決定するための手段となるものであり、又は受注予定者に関する暗黙の了解若しくは共通の意思の形成につながる蓋然性が高いものであり、違反となるおそれが強い。
1－1－1 （受注意欲の情報交換等）	○　入札に参加しようとする事業者が、当該入札について有する受注意欲、営業活動実績、対象物件に関連した受注実績等受注予定者の選定につながる情報について、それら事業者間で情報交換を行い、又はそれら事業者を構成員とする事業者団体が、かかる情報について、収集・提供し、若しくはそれら事業者間の情報交換を促進すること。 〈違反とされた具体例〉 　X建設業者団体事件（昭和57年（勧）第13号）では、甲県及び乙市が指名競争入札により発注する建設工事について、指名業者間の話合いを行うこととし、当番幹事が司会を行い指名業者から受注希望の有無を聴取して話合いの円満解決への進言等を行うこととするとともに、調停の方法等をも定めることにより、構成事業者に受注予定者を定めさせることを決定したことが、法第8条第1項第1号違反とされ

III 参考資料

　　Yほか建設業者事件（平成5年（勧）第19号）では、丙市が指名競争入札又は指名見積り合わせにより発注する土木工事について、受注希望者が1名のときは、その者を受注予定者とし、受注希望者が複数のときは、受注希望者の間の話合い等により受注予定者を決定していたことが、法第3条違反とされた。

　　Zほか測量業者事件（平成5年（勧）第7号）では、丁地区の官公庁等が指名競争入札又は指名見積り合わせにより発注する航空写真測量業務について、指名を受けた者による会合を開催する等して、当該物件に関する営業活動の実績、当該物件に関連する過去の受注実績等の要素を勘案して受注予定者を決定していたことが、法第3条違反とされた。

1－1－2 （指名回数、受注実績等に関する情報の整理・提供）	○　事業者が共同して又は事業者団体が、過去の入札における個々の事業者の指名回数、受注実績等に関する情報を、今後の入札の受注予定者選定の優先順位に係る目安となるような形で整理し、入札に参加しようとする事業者に提供すること。 〈違反とされた具体例〉 　　Xほか消防ホース製造販売業者事件（昭和61年（勧）第2号）では、甲消防庁が指名競争入札により発注する消防ホースについて、甲消防庁に対する既往の納入実績に基づき、これに修正を加えて銘柄別累計額を算出し、その最も少ない銘柄を納入することとして受注予定者を定めることを決定し、入札の都度受注予定者を確認し合い、受注予定者が受注できるようにしていたことが、法第3条違反とされた。 　　Yほか道路標識・標示等工事業者事件（平成4年（勧）第29号）では、乙県が指名競争入札又は見積り合わせにより発注する道路標識・標示等の工事について、指名を受けた者の中で一定の算定方法により算出した指名回数が最も多い者を受注予定者とする等により受注予定者を決定していたことが、法第3条違反とされた。 　　Z造園工事業者団体事件（平成4年（勧）第17号）では、丙市及び丙市が出捐等している財団法人等が指名競争入札又は見積書による入札により発注する造園工事等について、業務ごとに、受注金額に応じ一定の算式により減算し指名回数により加算する持ち点数の多い者を受注予定者とする等により構成事業者に受注予定者を定めさせることを決定したことが、法第8条第1項第1号違反とされた。

イ　受注予定者又は受注予定者の選定方法の決定（1－1）に伴って受注予定者が受注できるようにするために行われる次のような行為は、1－1による違反行為に含まれる。

1－1－3 （入札価格の調整等）	○　受注予定者以外の入札参加者が、受注予定者等から入札価格に関する連絡・指示等を受けた上で、受注予定者が受注できるようにそれぞれの入札価格を設定すること。 〈違反とされた具体例〉 　　Xほか電気工事業者事件（平成5年（勧）第13号）では、甲市が指名競争入札又は指名見積り合わせにより発注する電気工事について、

191

	受注予定者を決定するとともに、受注予定者以外の指名を受けた者は、受注予定者からその入札価格又は指名見積り合わせに提出する価格の連絡を受け、受注予定者の価格より高い価格で入札又は見積書の提出を行うことにより、受注予定者が受注できるように協力する旨の合意の下に、必要に応じて当該業者以外で指名を受けた者の協力を得て、受注予定者を決定し、受注予定者が受注できるようにしていたことが、法第3条違反とされた。 　　Y測量業者団体事件（平成5年（勧）第5号）では、乙省庁が指名競争入札により発注する航空写真測量業務について、受注予定者を定めるとともに、指名を受けた構成事業者は、受注予定者の入札価格が最低価格となるように入札価格を調整し、受注予定者が受注できるように協力すること等を決定したことが、法第8条第1項第1号違反とされた。

ウ　次のような行為は、受注予定者又は受注予定者の選定方法の決定（1－1）を前提にして、その決定を容易にし、又は強化等するために行われるものであるが、受注予定者又は受注予定者の選定方法を決定することは、これらの行為を特に伴わないでも、原則として違反となる。
　　なお、このような行為は、それ自体独立で違反となる場合がある（法第8条第1項第4号又は第5号、第19条）。

1－1－4 （他の入札参加者等への利益供与）	○　事業者が共同して又は事業者団体が、受注予定者に他の入札参加者等に対して業務発注、金銭支払等の利益供与をさせること。 〈違反とされた具体例〉 　　Xほか建設業者事件（平成4年（勧）第16号）では、甲県が指名競争入札により発注する土木一式工事について、受注予定者を決定するとともに、受注予定者の決定を容易にするため、必要に応じ、工事を受注した者が、「救済」と称して、受注を希望していた受注予定者以外の事業者又は一定期間受注の実績の無い事業者に、工事の一部を施工させていたことが、法第3条違反とされた。 　　Yほか防疫殺虫剤販売業者事件（平成4年（勧）第3号）では、乙県所在の市町村が指名競争入札又は指名見積り合わせにより発注する防疫殺虫剤について、受注予定者及び受注予定価格を決定するとともに、当該指名競争入札等の参加者の利益をほぼ均等化させるため、受注予定者が受注予定者以外の者に対して行う利益の配分方法及び配分額を決定していたことが、法第3条違反とされた。
1－1－5 （受注予定者の決定への参加の要請、強要等）	○　事業者が共同して又は事業者団体が、入札に参加を予定する事業者に対して、受注予定者の決定に参加するよう若しくは決定の内容に従うよう要請、強要等を行い、決定に参加・協力しない事業者に対して、取引拒絶、事業者間若しくは事業者団体の内部における差別的な取扱い等により入札への参加を妨害し、又は決定の内容に従わないで入札した事業者に対して、取引拒絶、事業者間若しくは事業者団体の内部における差別的な取扱い、金銭の支払等の不利益を課すこと。 〈違反とされた具体例〉 　　X道路舗装工事業者団体事件（昭和54年（勧）第2号）では、甲県

Ⅲ　参考資料

所在の地方公共団体等が指名競争入札により発注するアスファルト舗装工事について、構成事業者に「研究会」と称する会議で受注予定者を決定させ、その実効を確保するため、構成事業者以外の指名業者に研究会への出席を勧誘し、協力しない者に対してアスファルト合材を供給しないこと等を決定したことが、法第8条第1項第1号違反とされた。

　　Y測量業者団体事件（昭和57年（勧）第7号）では、乙県所在の地方公共団体等が指名競争入札又は見積り合わせを経た随意契約により発注する測量設計等業務について、構成事業者に受注予定者を定めさせることを決定し、受注予定者以外の構成事業者が受注予定者よりも低い価格で受注した場合はその回数に応じて一定期間の団体活動の停止又は除名処分を検討すること等を内容とする「懲罰規定」を決定したことが、法第8条第1項第1号違反とされた。

　　Zビルメンテナンス業者団体事件（平成5年（勧）第10号）では、丙県所在の官公庁等が指名競争入札又は指名見積り合わせにより発注する環境衛生管理業務について、構成事業者に受注予定者を定めさせることを決定し、その決定内容の実効を確保するため、受注予定者以外の構成事業者が、誤記により落札した場合には受注予定者に対して利益相当額を支払い、故意により落札した場合には他の構成事業者は完済保証人にならないこと等を決定したことが、法第8条第1項第1号違反とされた。

	○　違反となるおそれがあるもの	
1－2	（指名や入札参加予定に関する報告）	○　事業者間で又は事業者団体が、各事業者に対して、指名競争入札に係る指名を受けたことや入札への参加の予定について報告を求めること。

〈問題点〉
　このような行為は、受注予定者決定のために入札参加者を把握しようとして行われることが多く、このような場合には、受注予定者の決定に伴うものとして、問題となる。

〈違反とされた具体例〉
　　Xほか水道メーター製造業者事件（平成4年（勧）第35号）では、甲県所在の市町村及び水道企業団が指名競争入札又は指名見積り合わせにより発注する水道メーターについて、指名を受けたときはその旨を原則として当該入札日又は見積書提出日の2日前までに幹事会社に通知することとした上で、一定の方法により受注予定者等を決定していたことが、法第3条違反とされた。

　　Y管工事業者団体事件（平成2年（勧）第5号）では、乙県及び丙市並びにこれらが出捐している公社等が指名競争入札により発注する管工事について、構成事業者に入札参加の指名を受けた場合その旨を速やかに団体へ通知させるとともに、話合い等により受注予定者を定めさせることを決定したことが、法第8条第1項第1号違反とされた。

193

1−3	（共同企業体の組合せに関する情報交換）	○ 共同企業体により入札に参加しようとする事業者が、単体又は他の共同企業体により当該入札に参加しようとする事業者との間で、当該入札への参加のための共同企業体の結成に係る事業者の組合せに関して、情報交換を行い、又は事業者団体が、かかる情報交換を促進すること（4−9に該当するものを除く。）。 〈問題点〉 　このような情報交換は、受注予定者決定のための情報交換に転化することが多く、このような場合には、受注予定者の決定につながるものとして、問題となる。 　また、事業者団体が、構成事業者に対して、事業者の組合せに関する指示や決定を行うことは、受注予定者の決定に伴うものとして問題となる場合があるとともに、構成事業者の機能又は活動を不当に制限するものとしてそれ自体独立で違反となる場合がある（法第8条第1項第4号）。 〈違反とされた具体例〉 　Xほか建設業者事件（平成5年（勧）第20号）では、甲市が指名競争入札又は指名見積り合わせにより発注する下水管きょ工事について、共同施工方式による場合には、同市から共同企業体の構成員として選定された者による組合せ会と称する会合において、第1グループ及び第2グループのグループごとの話合い等により、各グループに属する構成員のうちから受注すべき共同企業体の構成員となるべき者を決定し、これらの者の組合せによる共同企業体を受注予定者に決定していたことが、法第3条違反とされた。
1−4	（特別会費、賦課金等の徴収）	○ 事業者団体が、構成事業者から、入札による受注に応じた特別会費、賦課金等を徴収すること。 〈問題点〉 　このような行為は、受注予定者の決定を円滑化するために行われることが多く、このような場合には、受注予定者の決定に伴うものとして、問題となる。 〈違反とされた具体例〉 　X測量業者団体事件（平成5年（勧）第5号）では、甲省庁が指名競争入札により発注する航空写真測量業務について、構成事業者に受注予定者を定めさせるとともに、受注予定者となって受注した者から特別会費を徴収すること等を決定したことが、法第8条第1項第1号違反とされた。
	○ 原則として違反とならないもの	
1−5	（発注者に対する入札参加意欲等の説明）	○ 事業者が、指名競争入札において、指名以前の段階で、制度上定められた発注者からの要請に応じて、他の事業者や事業者団体と連絡・調整等を行うことなく、自らの入札参加への意欲、技術情報（類似業務の実績、技術者の内容、当該発注業務の遂行計画）等を発注者に対して説明すること。
1−6	（自己の判断による入札	○ 指名競争入札において、指名を受けた事業者が、他の事業者や事業

III　参考資料

| 辞退） | 者団体と連絡・調整等を行うことやそれらから要請等を受けることなく、自己の事業経営上の判断により、入札を辞退すること。 |

2　入札価格に関する行為

(1)　考え方

　価格は、本来、事業者の公正かつ自由な競争を通じて形成されるべきものであり、事業者が共同して又は事業者団体がこれに関する活動をすることは、独占禁止法上の問題となる可能性が極めて高いものである。

　会計法、地方自治法等では、一般的な入札制度について、原則として入札参加者の中から予定価格の範囲内で最低の（契約の目的によっては最高の）価格をもって入札した者を契約の相手方とし、その入札価格を契約価格とするという厳格な価格競争の方法を定めている。

　事業者が共同して又は事業者団体が、最低入札価格（契約の目的によっては最高入札価格）、受注予定価格等又はそれらの設定の基準となるもの（以下「最低入札価格等」という。）を決定することは、このような入札制度の機能を損なうものであるとともに、入札の方法により発注される商品又は役務の取引に係る競争を制限するものであり原則として違反となる。

　ここでの決定は、明示の決定に限られるものではなく、最低入札価格等に関し暗黙の了解又は共通の意思が形成されることをもって足りる。

　最低入札価格等を決定することが違反とされるのは、その行為が行われた理由のいかんを問わないのであって、妥当な価格水準にするためとか、対象となる商品又は役務の質を確保するためとか、不当な低価格受注を防止するためといった理由によって正当化されるものではない。

(2)　参考例
○　原則として違反となるもの

| 2-1 | （最低入札価格等の決定） | ○　事業者が共同して又は事業者団体が、入札に係る最低入札価格等を決定すること。
〈具体例〉
　　Xほか水道メーター製造業者事件（平成4年（勧）第33号）では、甲地方公共団体が単価同調方式（当該年度中の納入数量をあらかじめ確定せず納入単価のみを指名競争入札により決定し、最低入札単価を入札した者及び当該納入単価による納入に同意する者と契約を締結する方式）により発注する水道メーターについて、最低入札単価の低落防止を図るため、最低入札単価、当該入札単価で入札すべき者及びその他の入札参加者の入札単価を決定していたことが、法第3条違反とされた。
　　Y石油製品販売業者団体事件（昭和59年（勧）第5号）では、乙市等が入札により発注する石油製品について、油種ごとに、受注予定者を決定するとともに、受注予定者の入札価格を決定していたことが、法第8条第1項第1号違反とされた。 |

[留意事項]「原則として違反となるもの」として上に記した2-1（最低入札価格等の決定）の行為との関連で、入札談合防止の観点から特に留意すべき事項を以下に示す。

　次のような行為は、最低入札価格等を決定するための手段となるものであり、又は最低入札価格

等に関する暗黙の了解若しくは共通の意思の形成につながる蓋然性が高いものであり、違反となるおそれが強い。

	2－1－1 （入札価格の情報交換等）	○ 入札に参加しようとする事業者が、当該入札での入札価格に関する情報について、それら事業者間で情報交換を行い、又はそれら事業者を構成員とする事業者団体が、かかる情報について、収集・提供し、若しくはそれら事業者間の情報交換を促進すること。 〈違反とされた具体例〉 　Xほか合板製造業者事件（昭和23年（判）第2号）では、甲省庁が入札により発注する合板について、国内の合板メーカー多数が、事前に入札価格について種々雑談することによって、各自、自己以外の者の入札価格を察知し、大多数がほとんど同一価格で入札したことが、法第3条違反とされた。
	○ 違反となるおそれがあるもの	
2－2	（入札の対象となる商品又は役務の価格水準に関する情報交換等）	○ 入札の対象となる商品又は役務の価格水準や価格動向に関する情報について、発注者からその予定価格の積算に資するための情報提供の依頼を受ける等して、当該入札に参加しようとする事業者間で情報交換を行い、又は事業者団体が、それら事業者との間で情報を収集・提供し、若しくはそれら事業者間の情報交換を促進すること。 〈問題点〉 　このような情報の収集・提供、情報交換等は入札価格についての情報の収集・提供、情報交換等に転化することが多く、このような場合には、最低入札価格等の決定につながるものとして、問題となる。 　また、提供される価格水準に関する情報を基礎に発注者が予定価格を算定することを認識する等しながら、事業者が共同して又は事業者団体が、商品又は役務の価格について発注者に情報提供する内容を決定することも、価格制限行為につながるものとして、問題となる。 〈違反とされた具体例〉 　Xほか公共下水道用鉄蓋製造販売業者事件（平成3年（判）第2号）では、甲市が下水道工事価格の積算のため指定業者に市型鉄蓋（甲市が定めた仕様による公共下水道用鉄蓋）の見積価格を提出させ、見積価格の約90パーセントに当たる金額をもって工事発注の際の設計単価としており、同設計単価から工事業者及び商社のマージンを差し引いたものが工事業者向けの販売価格となる関係にあることを認識した上で、甲市に見積価格を提出するについて最低見積価格を決定し、その上で工事業者のマージン等を勘案して販売価格を決定したことが、法第3条違反とされた。
	○ 原則として違反とならないもの	
2－3	（積算基準についての調査）	○ 事業者が共同して又は事業者団体が、発注者が公表した積算基準について調査すること（事業者間に積算金額についての共通の目安を与えるようなことのないものに限る。）。
2－4	（標準的な積算方法の作成等）	○ 中小企業者の団体が、構成事業者の入札一般に係る積算能力の向上に資するため、標準的な費用項目を掲げた積算方法を作成し、又は所

III 参考資料

要資材等の標準的な数量や作業量を示すこと（事業者間に積算金額についての共通の目安を与えるようなことのないものに限る。）。

3 受注数量等に関する行為

(1) 考え方

入札制度の中には、契約の性質又は目的から、価格のほかに数量等他の条件をもって申込みを行い、その申込みの内容に応じて、落札者及び落札価格に加えて落札の数量等をも併せて決定するものがある。このような入札において、事業者が共同して又は事業者団体が、入札に係る受注の数量、割合等を決定することは、入札の方法により発注される商品又は役務の取引に係る競争を制限するものであり原則として違反となる。

ここでの決定は、明示の決定に限られるものではなく、受注の数量、割合等に関し暗黙の了解又は共通の意思が形成されることをもって足りる。

事業者が共同して又は事業者団体が、受注の数量、割合等を決定することが違反とされるのは、その行為の理由のいかんを問わない。

(2) 参考例

○ 原則として違反となるもの

3－1 （受注数量、割合等の決定）
○ 事業者が共同して又は事業者団体が、入札に係る受注の数量、割合等を決定すること。

〈具体例〉
Xほか絹織物販売業者事件（昭和25年（判）第14号）では、甲公団保有の輸出絹織物在庫品の国内処分としての競争入札に当たり、入札参加者25社中の10社が最低入札数量である全量の10分の1をそれぞれ落札すること及びその際の入札価格を決定したことが、法第3条違反とされた。

○ 原則として違反とならないもの

3－2 （官公需受注実績等の概括的な公表）
○ 事業者団体が、関連する官公需の全般的な動向の把握のために、構成事業者から官公需の受注実績に関して個別の受注に係る情報を含まない概括的な情報を任意に徴し、又は発注者が発注実績若しくは今後の発注予定に関して公表した情報を収集し、関連する官公需全般に係る受注実績又は今後の需要見通しについて個々の事業者に係る実績又は見通しを示すことなく概括的に取りまとめて公表すること。

4 情報の収集・提供、経営指導等

(1) 考え方

事業者団体が、入札制度一般に関する情報若しくは資料の収集・提供又は本指針の内容にのっとって入札に係る事業者及び事業者団体の活動と独占禁止法との関係について一般的な知識の普及活動を行うことは、原則として違反となるものではない。

これに対して、入札に参加しようとする事業者を構成員とする事業者団体が、当該入札に関して、情報を収集・提供し、又はそれら事業者間の情報交換を促進することについては、競争制限的な若し

くは競争阻害的な行為につながるような場合又はそのような行為の手段・方法となるような場合には独占禁止法上問題となる。
　事業者が他の事業者と共同しないで独立に情報を収集することが、その限りにおいては独占禁止法上問題とならないことは、言うまでもない。これに対して、入札に参加しようとする事業者が当該入札に関する情報を相互に交換するようなことは、独占禁止法上問題となり得る。
　事業者団体による経営指導が必要とされるのは、基本的に、中小企業者の団体においてである。経営指導の形態を採っていても、入札に参加しようとする事業者を構成員とする事業者団体が、当該入札に係る事業者の活動に関して指導を行うようなときには、入札価格についての目安を与えたり、受注予定者の決定への参加を要請する等の競争制限的な又は競争阻害的な行為につながりやすく、そのような場合には、独占禁止法上問題となる。
　入札制度一般の内容や運用に関して要望又は意見の表明を行うことは、その限りにおいては、事業者単独で行うことはもちろん、事業者が共同して又は事業者団体が行っても、問題とならない。
　また、事業者が、発注者に対して、特定の入札に関係なく、技術に関する情報の一般的な説明を行うことも、その限りにおいては、問題とならない。

(2) 参考例
〔原則として違反となる行為に関する留意事項〕
（受注予定者等の決定行為に関する留意事項）
　　　　　１－１－１又は１－１－２に該当する行為は、１－１（受注予定者等の決定）の留意事項として前に記したとおり、受注予定者を決定するための手段となるものであり、又は受注予定者に関する暗黙の了解若しくは共通の意思の形成につながる蓋然性が高いものであり、違反となるおそれが強い。
　（受注意欲の情報交換等）　○　入札に参加しようとする事業者が、当該入札について有する受注意欲、営業活動実績、対象物件に関連した受注実績等受注予定者の選定につながる情報について、それら事業者間で情報交換を行い、又はそれら事業者を構成員とする事業者団体が、かかる情報について、収集・提供し、若しくはそれら事業者間の情報交換を促進すること。
　　　　　　　　　　　　　　　　　　　　　　　（１－１－１として前掲）
　（指名回数、受注実績等に関する情報の整理・提供）　○　事業者が共同して又は事業者団体が、過去の入札における個々の事業者の指名回数、受注実績等に関する情報を、今後の入札の受注予定者選定の優先順位に係る目安となるような形で整理し、入札に参加しようとする事業者に提供すること。　（１－１－２として前掲）
（最低入札価格等の決定行為に関する留意事項）
　　　　　２－１－１に該当する行為は、２－１（最低入札価格等の決定）の留意事項として前に記したとおり、最低入札価格等を決定するための手段となるものであり、又は最低入札価格等に関する暗黙の了解若しくは共通の意思の形成につながる蓋然性が高いものであり、違反となるおそれが強い。
　（入札価格の情報交換等）　○　入札に参加しようとする事業者が、当該入札での入札価格に関する情報について、それら事業者間で情報交換を行い、又はそれら事業者を構成員とする事業者団体が、かかる情報について、収集・提供し、若しくはそれら事業者間の情報交換を促進すること。
　　　　　　　　　　　　　　　　　　　　　　　（２－１－１として前掲）
○　違反となるおそれがあるもの

Ⅲ　参　考　資　料

4－1	（指名や入札参加予定に関する報告）	○　事業者間で又は事業者団体が、各事業者に対して、指名競争入札に係る指名を受けたことや入札への参加の予定について報告を求めること。 （1－2として前掲）
4－2	（共同企業体の組合せに関する情報交換）	○　共同企業体により入札に参加しようとする事業者が、単体又は他の共同企業体により当該入札に参加しようとする事業者との間で、当該入札への参加のための共同企業体の結成に係る事業者の組合せに関して、情報交換を行い、又は事業者団体が、かかる情報交換を促進すること（4－9に該当するものを除く。）。 （1－3として前掲）
4－3	（入札の対象となる商品又は役務の価格水準に関する情報交換等）	○　入札の対象となる商品又は役務の価格水準や価格動向に関する情報について、発注者からその予定価格の積算に資するための情報提供の依頼を受ける等して、当該入札に参加しようとする事業者間で情報交換を行い、又は事業者団体が、それら事業者の間で情報を収集・提供し、若しくはそれら事業者間の情報交換を促進すること。 （2－2として前掲）

○　原則として違反とならないもの

4－4	（入札に関する一般的な情報の収集・提供）	○　事業者団体が、官公庁や民間の調査機関等が公表した入札に関する一般的な情報（発注者の入札に係る過去の実績又は今後の予定に関する情報、入札参加者の資格要件又は指名基準に関する情報、労務賃金、資材、原材料等に係る物価動向に関する客観的な調査結果情報等）を収集・提供すること。
4－5	（官公需受注実績等の概括的な公表）	○　事業者団体が、関連する官公需の全般的な動向の把握のために、構成事業者から官公需の受注実績に関して個別の受注に係る情報を含まない概括的な情報を任意に徴し、又は発注者が発注実績若しくは今後の発注予定に関して公表した情報を収集し、関連する官公需全般に係る受注実績又は今後の需要見通しについて個々の事業者に係る実績又は見通しを示すことなく概括的に取りまとめて公表すること。 （3－2として前掲）
4－6	（平均的な経営指標の作成・提供）	○　事業者団体が、構成事業者から、財務指標、従業員数等経営状況に関する情報で通常秘密とされていない事項について、情報を任意に徴し、これに基づいて平均的な経営指標を作成し、提供すること。 　なお、構成事業者がこれらの情報を公表している場合、あるいは公表について構成事業者の事前の了解を得ている場合は、構成事業者別にこれらの情報を取りまとめて公表することもできる。
4－7	（入札物件の内容、必要な技術力の程度等に関する情報の収集・提供）	○　入札に参加しようとする事業者を構成員とする中小企業者の団体が、構成事業者の情報収集能力の不足を補うため、当該入札に関する対象物件の内容、必要な技術力の程度等について発注者が公表した情報を収集・提供すること（受注予定者の決定につながるようなことを含まないものに限る。）。
4－8	（経常共同企業体の組合せに関する情報提供）	○　中小企業者の団体が、入札に参加するための経常的な共同企業体としての資格申請を構成事業者が行おうとする場合に、その求めに応じて、共同企業体の構成員の組合せに係る過去の客観的な事実に関する情報を提供すること。

199

4-9	(共同企業体の相手方の選定のための情報聴取等)	○	事業者が、入札に参加するための共同企業体の結成に際して、相手方となる可能性のある事業者との間で、個別に、相手方の選定のために必要な情報を徴し、又は共同企業体の結成に係る具体的な条件に関して、意見を交換し、これを設定すること（受注予定者の決定につながるようなことを含まないものに限る。）。
4-10	(発注者に対する入札参加意欲等の説明)	○	事業者が、指名競争入札において、指名以前の段階で、制度上定められた発注者からの要請に応じて、他の事業者や事業者団体と連絡・調整等を行うことなく、自らの入札参加への意欲、技術情報（類似業務の実績、技術者の内容、当該発注業務の遂行計画等）等を発注者に対して説明すること。　　　　　　　　　　　（1-5として前掲）
4-11	(標準的な積算方法の作成等)	○	中小企業者の団体が、構成事業者の入札一般に係る積算能力の向上に資するため、標準的な費用項目を掲げた積算方法を作成し、又は所要資材等の標準的な数量や作業量を示すこと（事業者間に積算金額についての共通の目安を与えるようなことのないものに限る。）。 　　　　　　　　　　　　　　　　　　　　　　　（2-4として前掲）
4-12	(経常共同企業体の運営に関する指針の作成・提供)	○	中小企業者の団体が、経常的な共同企業体の運営に関する一般的な指針（構成員の分担業務実施のための必要経費の分配方法、共通費用の分担方法等）を作成し、構成事業者に提供すること。
4-13	(積算基準についての調査)	○	事業者が共同して又は事業者団体が、発注者が公表した積算基準について調査すること（事業者間に積算金額についての共通の目安を与えるようなことのないものに限る。）。　　　（2-3として前掲）
4-14	(独占禁止法についての知識の普及活動)	○	事業者が共同して又は事業者団体が、本指針の内容にのっとって、入札に係る事業者及び事業者団体の活動と独占禁止法との関係について、一般的な知識の普及活動を行うこと。
4-15	(契約履行の必要性に関する啓蒙等)	○	事業者が共同して又は事業者団体が、入札による契約について、その確実な履行、下請取引の適正化や操業の安全の確保の必要性に関する一般的な啓蒙を行い、又はそのために技術の動向や入札制度若しくは関係法令の内容について調査し、一般的な知識の普及活動を行うこと（特定の入札に係る情報交換、指導、要請等の活動につながることのないものに限る。）。
4-16	(国、地方公共団体等に対する要望又は意見の表明)	○	事業者が共同して又は事業者団体が、入札制度一般の内容や運用に関して、国、地方公共団体等に対して、要望又は意見の表明を行うこと。
4-17	(発注者に対する技術に関する情報の一般的な説明)	○	事業者が、発注者に対して、特定の入札に関係なく、技術に関する情報の一般的な説明を行うこと。

※「中小企業者の団体」が行う行為を記述している箇所については、主として中小企業者を構成員とする事業者団体が、構成員である中小企業者を対象として行う活動を、念頭に置いている。

わかりやすい建設業のための
独占禁止法Q&A

2011年5月24日　第1版第1刷発行

編　著　　財団法人　建設業適正取引推進機構
発行者　　松　林　久　行
発行所　　株式会社大成出版社
東京都世田谷区羽根木1－7－11
〒156-0042　　電　話　03(3321)4131(代)
http://www.taisei-shuppan.co.jp/

© 2011　(財)建設業適正取引推進機構　　印刷　信教印刷
落丁・乱丁はおとりかえいたします。

ISBN978-4-8028-2994-6

関連図書のご案内

建設業に携わる方々へ!

わかりやすい建設業法Q&A

編著■(財)建設業適正取引推進機構　　Ａ５判・並製・定価1,890円（本体1,800円）
図書コード2995

◎建設業の実務に密接に関係する「建設業法」に関する知識をわかりやすい
　Q&Aで解説した関係者必携の図書!

〔改訂11版〕＜逐条解説＞建設業法解説

編著■建設業法研究会　　Ａ５判・上製函入・定価6,300円（本体6,000円）
図書コード2839

◎建設業法を体系的に詳しく解説した唯一の定評ある逐条解説。
◎建設業法の条文ごとに、関係する他法令・政省令・告示・通知などを反映さ
　せて主旨や内容のポイント、解釈などを詳しく解説。

建設業に携わる全ての方々のわかりやすく、使いやすい用語集!

建設業用語集

編著■(財)建設業適正取引推進機構　　Ａ５判・並製・定価2,625円（本体2,500円）
図書コード2902

◎法制度改正、技術の進歩、社会状況の変化等により膨大かつ複雑・多岐にわ
　たる建設関連用語1,500語をわかりやすく、使いやすく整理!
◎建設業に関する用語はもちろんのこと、不動産、コンサル、独占禁止法、環境
　関連まで網羅!

現場監督のための相談事例Q&A

著■菊一　功　　Ａ５判・並製・定価1,890円（本体1,800円）
図書コード2927

◎現場監督に関心が高い労災かくしや偽装請負など様々な相談事例をQ&Aに!
◎発注者から施工業者、社労士までの建設現場必読書!

建設現場で使える労災保険Q&A

著■村木　宏吉　　Ａ５判・並製・定価1,890円（本体1,800円）
図書コード2964

◎工事現場で労災事故が発生したらどうするか?労災保険に関するQ&Aで解説。
◎社会保険労務士の苦手分野もしっかりと掲載。

株式会社 大成出版社　〒156-0042　東京都世田谷区羽根木1-7-11
TEL03-3321-4131　FAX03-3325-1888
ご注文はホームページから　　http://www.taisei-shuppan.co.jp/